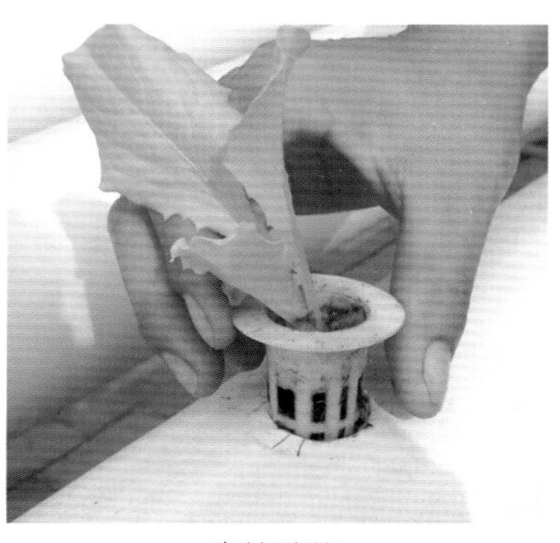

定植叶菜

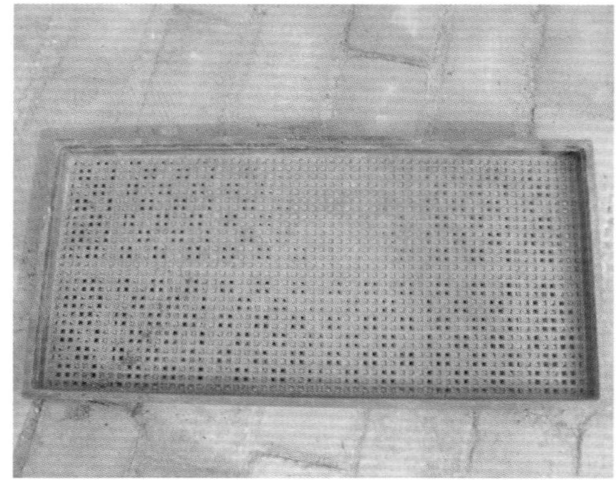

育苗盘

基质育苗

庭院栽培蔬菜

农家自留菜地种植的豆角

屋后种植的豆角

屋前种植辣椒、茄子

观赏辣椒等蔬菜摆放

办公室水培芹菜

观赏番茄盆栽

多层水培蔬菜

辣椒盆栽

观赏辣椒盆栽

观赏茄子盆栽

茄子盆栽

金皮西葫芦盆栽

芹菜盆栽

韭菜盆栽

盆栽多层叠式紫背天葵

小茴香盆栽

救心菜盆栽

黄叶甜菜盆栽

薄荷盆栽

盒式水培生菜

报架式管道水培生菜

水培管道生菜

盒式水培荆芥

水培管道苦苣

水培木耳菜

水培蕹菜

水培香葱

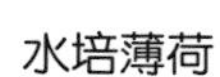

水培薄荷

家庭小菜园种植技术

主　编
龚　攀

编著者
陈　曼　梁　峥　樊会丽

金 盾 出 版 社

内容提要

本书概括介绍了家庭小菜园种植的意义和主要场所，蔬菜种植需要的环境条件、肥料的选择及病虫害防治的基本知识；重点介绍了38种农家自留菜地蔬菜、10种庭院蔬菜、14种阳台和窗台蔬菜以及9种楼顶平台蔬菜的种植技术。本书技术先进实用，语言通俗易懂，方法具体，可操作性强，便于广大园艺爱好者阅读参考。

图书在版编目(CIP)数据

家庭小菜园种植技术/龚攀主编.— 北京 ：金盾出版社，2014.1(2019.3 重印)

ISBN 978-7-5082-8809-3

Ⅰ.①家… Ⅱ.①龚… Ⅲ.①蔬菜园艺 Ⅳ.①S63

中国版本图书馆 CIP 数据核字(2013)第222764号

金盾出版社出版、总发行

北京太平路5号(地铁万寿路站往南)

邮政编码：100036 电话：68214039 83219215

传真：68276683 网址：www.jdcbs.cn

北京天宇星印刷厂印刷、装订

各地新华书店经销

开本：850×1168 1/32 印张：5.25 彩页：8 字数：116千字

2019年3月第1版第6次印刷

印数：21 001～24 000册 定价：16.00元

目　　录

第一章　家庭小菜园种植的基础知识

第一节　家庭小菜园种植的意义和前景

一、家庭小菜园种植的意义

在家庭小菜园种植蔬菜的意义主要有以下几个方面。

第一，在家庭小菜园种植蔬菜可以为我们家庭提供数量可观的蔬菜产品，满足我们正常的食用需求。在家庭小菜园可种植一些叶菜类蔬菜，如韭菜、生菜、上海青、小白菜、油麦菜、茼蒿、芫荽、菠菜、香葱等，也可种植一些果菜类蔬菜，如番茄、黄瓜、茄子、辣椒等，在不同季节种植不同蔬菜品种以满足食用需求。

第二，在家庭小菜园种植蔬菜可以为我们提供安全、放心的鲜嫩蔬菜。环境的污染，以及过量化肥、农药的使用，使得蔬菜瓜果有害物质超标已成为严重的社会问题。市场上销售的大部分蔬菜，是否真正绿色环保、安全，消费者无法识别，让人很不放心。在家庭小菜园种植的蔬菜是由自己亲手种植的，施肥、病虫害防治、采收都是由自己完成的，所以安全上是没有问题的，吃起来也就更放心。家庭小菜园的培养土是由泥炭、草木灰、蛭石、珍珠岩、椰糠以及有机肥等材料科学地调配而成。所有材料源于自然，无毒、无害，可以真正实现绿色种植。生长过程是在消费者自己照顾下完成的，当然吃得开心，吃得放心。从菜市场或超市购买的蔬菜往往是经过长距离运输后才周转到消费者手上，鲜度有限。而在家庭小菜园种植的蔬菜现采现吃，非常新鲜。

第三，在家庭小菜园种植蔬菜有助于调节精神，缓解工作压

力，消除疲劳。当今社会是个快节奏的社会，人们的工作压力很大，在人们紧张工作之余或下班回家后，欣赏一下自己种植的蔬菜，会感到赏心悦目、疲劳顿消、大脑松弛、紧张情绪消除。

第四，在家庭小菜园种植蔬菜有利于祛病强身，增强体质。栽培蔬菜需要劳动付出，如平时的浇水、追肥、整枝绑蔓、翻盆换土、搬盆等。这些活动可舒筋活血，对预防、减轻或治疗疾病有益，对增强人们体质有益。

第五，在家庭小菜园种植蔬菜有利于美化家庭环境，增添生活情趣。家庭养花，是城市绿化的一个重要组成部分。家庭种植蔬菜，既可以作为城市绿化的补充，又对减少污染极为有利。家庭种植蔬菜，不仅可以为美满的家庭增彩添色，而且使家庭环境更优美，生活内容更充实。

第六，在家庭小菜园种植蔬菜可以为孩子们提供一定的科普知识，增强孩子们的动手能力。家里如果有小孩，可以让小孩全程参与种植蔬菜的过程，甚至可以把一部分蔬菜直接让孩子们种植，孩子们直接观察和感受植物生长的过程，增长蔬菜种植方面的知识，这不但可以增加孩子们的科普知识，而且可增强孩子们自己动手的能力，能够教会孩子们收获是靠劳动得到的，让孩子们在劳动中锻炼身体，在收获中获得快乐。

二、家庭小菜园种植的前景

我国正进入城市化快速发展阶段，大量的农村人口进入城市成为市民，城市进一步扩容。随着经济的进一步发展，人们工作竞争压力逐渐增加。由于环境的污染，以及农药的滥用，部分蔬菜瓜果有害物质严重超标，人们对蔬菜安全的疑虑也越来越重。如果能够自己种植蔬菜，不仅可以享受种植的乐趣，还可直接观察和感受植物生长的过程；不仅能够缓解工作生活压力，而且能吃到自己亲自种植的蔬菜。

郑州、南京、北京、浙江丽水、珠海等地的农业科研单位研究出了一些家庭小菜园种植新装置，并研究了相关配套种植技术。这给家庭小菜园种植提供了技术支撑。

当蔬菜价格居高不下时，发展家庭小菜园种植不仅能给人们提供休闲娱乐的场所，而且能提供数量不菲的蔬菜产品，解决一部分人吃蔬菜的问题。同时，在一定程度上还能稳定蔬菜价格。

随着社会的发展，家庭小菜园种植将有一个更广阔的发展空间。

第二节　家庭小菜园种植的主要场所

一、农家自留菜地

农村小片自留地，一般在靠近村庄附近，浇水便利，土地肥沃。主要在合适的季节种植适季的蔬菜，生产的蔬菜主要提供自己家庭食用，蔬菜产品一般不流通到市场销售。

二、家庭庭院

家庭庭院包括农村房前屋后、城镇庭院、城市一楼小花园等。土地空间很小，土壤条件也不是很好，有的阳光也不是很充足，旁边还有绿化树或果树等。通常种植适季的蔬菜，生产的蔬菜主要提供自己家庭食用，蔬菜产品一般不流通到市场销售。

三、阳　台

阳台主要是指城镇居民家庭楼房阳台，空间很小，没有土壤。根据阳台朝向可分为朝南、朝北、朝东、朝西方向阳台。一般种植一些叶类蔬菜，生产的蔬菜主要提供自己家庭食用。

四、窗　台

窗台主要是指城镇居民家庭楼房房间内的飘窗，或指阳台外延部分。空间很小，没有土壤。主要种植一些叶类蔬菜，生产的蔬菜主要提供自己家庭食用。

五、楼顶平台

楼顶平台主要是指城镇居民家庭楼房房顶，农村平房房顶。空间大，没有土壤。主要在合适的季节种植适季的蔬菜，生产的蔬菜主要提供自己家庭食用，蔬菜产品一般不流通到市场销售。

第三节　家庭小菜园种植需要的环境条件

一、土壤条件

土壤是蔬菜生长的基础，其条件好坏直接影响蔬菜根、茎、叶、花、果实的生长发育，影响到产量和品质。蔬菜根系以须根为主，根系主要分布在20～30厘米的土层内。土壤要疏松、透气，含水量适中；土壤中的有机质含量要高，土壤中应包含蔬菜生长所必需的氮、磷、钾、钙等大量元素和铁、锰、锌等微量元素，能够保证蔬菜生长对营养的需求。

二、温度条件

温度对蔬菜的影响主要分为气温和地温两个方面。

(一)气　温

蔬菜生长发育及维持生命都要求一定的气温范围，在适宜温度下，生长发育迅速。温度过低或过高都会影响作物的正常生长，甚至植株生命也不能维持以至于死亡。

不同蔬菜作物生育适温范围不同。喜温蔬菜丝瓜、黄瓜、番茄、茄子、辣椒、菜豆、西葫芦等适宜温度范围为18℃～28℃，超过40℃、低于15℃不能正常开花结果。喜冷凉的蔬菜韭菜、小白菜、甘蓝、芹菜等，生长适温范围为15℃～22℃，能耐0℃～2℃低温，还可短时耐受－3℃～－5℃低温，温度过高会影响产品的品质。同时，不同生育期对温度的要求也有差异，一般蔬菜种子发芽期最适温度较高，幼苗期适温较发芽期低3℃～5℃；营养生长旺盛期果菜要求温度介于发芽期和幼苗期之间，对于大部分喜冷凉茎、叶、根菜来说，此期是产品器官形成期，较凉爽的条件利于养分积累；开花结果期不仅要求温度较高，而且此期对温度反应敏感，适温范围较窄，高温和低温容易引起落花、落果；果实成熟膨大期及种子形成期要求温度最高。

(二)地　温

地温直接影响作物根系的生长、活性及根毛发生，还通过对土壤微生物的活动及有机质的分解转化等施加影响，间接地影响作物根系对水分和养分的吸收。不同种类蔬菜最适的地温相差不多，一般在15℃～25℃，适宜温度高限多在25℃。最低温度界限果菜多为12℃～14℃，喜冷凉的茎、叶、根菜多为4℃～6℃。地温过低影响根对磷、钾和硝态氮的吸收；地温高根系易衰老，从而导致植株早衰。同气温相比，地温比较稳定，变化缓慢，所以根对温度变化的适应能力弱于地上部。高温和低温危害也往往出现在根部，如苗期低地温易引起植株发生立枯病、猝倒病、寒根等，高地温易诱发甜椒和番茄产生病毒病。

三、光照条件

光照影响蔬菜作物的光合作用，主要有光强度和光照长度(光周期)两方面。

(一)光照强度对蔬菜生长的影响

大多数蔬菜的光饱和点(光强增加到光合作用不再增加时的光照强度)为5万勒左右,超过光饱和点,光合作用不再增加并且伴随高温,往往造成蔬菜生长不良。

根据蔬菜对光照强度要求的不同可分为三大类。

要求较强光照的蔬菜:西瓜、甜瓜、黄瓜、南瓜、番茄、茄子、辣椒和芋头。这类蔬菜遇到阴雨天气,产量低、品质差。

适宜中等光强的蔬菜:白菜、包菜、萝卜、胡萝卜、葱蒜类,它们不要求很强光照,但光照太弱时生长不良。因此,这类蔬菜于夏季及早秋种植应覆盖遮阳网,早、晚应揭去。

比较耐弱光的蔬菜:莴苣、芹菜、菠菜、生姜等。

(二)光周期对蔬菜生长发育的影响

光周期现象是蔬菜作物生长和发育(花芽分化,抽薹开花)对昼夜相对长度的反应。蔬菜作物按照生长发育和开花对日照长度的要求可分为长日性、短日性和中光性蔬菜。

1. 长日性蔬菜　较长的日照(一般为12小时以上),促进植株开花,短日照延长开花或不开花。属于长日性蔬菜的有白菜、包菜、芥菜、萝卜、胡萝卜、芹菜、菠菜、莴苣、蚕豆、豌豆、大葱、洋葱等。

2. 短日性蔬菜　较短的日照(一般在12小时以下)促进植株开花,在长日照下不开花或延迟开花。属于短日性蔬菜的有豇豆、扁豆、苋菜、丝瓜、空心菜、木耳菜以及晚熟大豆等。

3. 中光性蔬菜　在较长或较短的日照条件下都能开花。属于中光性蔬菜的有黄瓜、番茄、菜豆、早熟大豆等。这类蔬菜对光照时间要求不严,只要温度适宜,春季或秋季都能开花结果。

四、水分条件

蔬菜大多以柔嫩多汁的器官为可食部分,含水量在90%以

上，有些果菜和大白菜叶球含水量达95%以上。所以水分是蔬菜的重要组成成分。

不同种类的蔬菜对水分的要求不同，这取决于根系的吸水力和植株对水分的消耗量。凡根系强大、根深，叶片有缺裂、蜡粉和茸毛，而能减少水分消耗的，抗旱力就强，如南瓜，是最为耐旱的。相反，叶片面积大，组织柔嫩，蒸腾作用旺盛的，抗旱能力就弱，如黄瓜、白菜及绿叶蔬菜，叶片面积大，根系又不十分强大，所以要求较高的土壤水分含量。

蔬菜育苗期间对水分的要求比较严格。果菜类在育苗期间，根系分布浅，水分过多会造成秧苗徒长，但若水分控制过严，不但使正常生长受到限制，而且会使组织木栓化或成为老苗。所以，在育苗期通过控制水分而进行蹲苗时，要掌握好蹲苗的时间与程度。

果菜类从定植到开花结果，土壤水分要稍少些，避免茎叶徒长。但在开花期如果水分不足，子房发育受到抑制，会引起落花。不管是番茄、黄瓜或茄子，进入结果期，是需水最多的时期，如果这段时间水分不足，果实就会发育不良，产量将大大降低。

五、营养条件

良好的营养条件不仅能保证蔬菜生长良好，而且还能减少病虫害的发生，获得优质的产品。庭院小菜园蔬菜茬次多，单位时间、单位面积产量高，养分消耗多，有时会造成用地和养地脱节，土壤质地变劣，肥力下降。因此，应不断增施有机肥，减少单一化用肥量，改良土壤结构，切实提高土壤营养条件，从而保证蔬菜的生长发育。

根据蔬菜作物的种类和不同生长阶段对营养条件的需求特点，应及时而准确地施用肥料，以满足蔬菜生长发育对营养条件的需求。

小型叶菜，如小白菜、生菜等在整个生长期需要氮素最多；而大型叶菜，如大白菜、甘蓝等除需要较多氮素外，生长旺盛期还需

增施钾肥和磷肥。如果氮不足，则植株矮小，叶片粗硬。后期磷、钾不足，不易结球。

果菜类蔬菜如茄子、番茄、黄瓜等，一边现蕾一边开花结果，营养生长和生殖生长同时进行。如果前期氮不足，则植株矮小，磷、钾不足则开花晚，产量和品质降低；如果后期氮过多，而磷不足，则茎叶徒长，影响结果。同时，这类蔬菜在幼苗期需氮较多，需磷、钾较少；进入开花结果期磷的需要量激增，而氮的吸收量则下降。

各种蔬菜对养分的利用能力不同：甘蓝最能利用氮素；番茄利用磷的能力最弱，但对大量的磷酸盐类却无不良反应；茄子对磷酸盐的反应较好；黄瓜既需吸收大量氮，又需吸收大量钾和磷。

六、通风条件

通风条件主要影响小菜园的温度、湿度和蔬菜植株间二氧化碳的含量，如通风条件差，空气不流通，蔬菜植株间的二氧化碳由于光合作用的消耗而逐渐减少，就会因缺乏二氧化碳影响光合作用而减产。当通风条件好，蔬菜植株间能够及时补充二氧化碳，就会满足光合作用，促进蔬菜生长和提高产量。通风条件对果菜类，尤其是搭架种植的瓜类和豆类蔬菜影响较大，通风良好是保证这类蔬菜获得高产的重要因素。

第四节　种植蔬菜肥料的选择

肥料是蔬菜生长发育所必需的物质，是保证蔬菜生长发育的物质基础。

一、常用肥料的类型及作用

(一)有机肥(农家肥)

自己制作的农家肥，如堆肥、泥肥、饼肥、厩肥、沼气肥、作物秸

秆等。

(二)化肥(无机肥)

经过一定的工艺流程制成的,在市场上出售的肥料,如尿素、碳酸氢铵、过磷酸钙等。

(三)生物肥料

含有益微生物的菌剂,主要作用在于促进所接种的微生物的繁殖,调整作物与微生物相互间的关系,利用有益微生物的活动或代谢产物,改善作物营养状况或抑制病害,从而获得增产。目前较为常用的有腐殖酸类肥料、根瘤菌肥料、钾细菌肥料、磷细菌肥料以及复合型微生物肥料等。

(四)绿　肥

利用植物的部分绿色体,直接耕翻到农田,经过土壤微生物作用将其腐烂熟化后形成的肥料,如豌豆、紫花苜蓿等。

(五)中微量元素肥料

中微量元素肥料,如钙、镁、铜、铁、硼、锌、钼、锰等,以单元素为主或几种元素配制的肥料。

二、肥料的选择原则和使用原则

(一)肥料的选择原则

第一,选择使用无公害农产品种植技术机构认定或推荐生产的肥料。

第二,选择进行无害化处理并达到国家标准要求的有机肥料。

第三,因地制宜选择肥料,根据土地土壤结构、类型特点、作物种类选择适宜的肥料。

(二)肥料使用原则

1. 增施优质有机肥　有机肥料不仅养分全面,肥效长久,还有培肥改土的作用,有利于蔬菜高产。此外,增施有机肥,减少化肥用量,能够生产出硝酸盐含量较低的优质蔬菜。增施有机肥可

提高蔬菜对病害的抗性，也可直接抑制有害细菌活性。肥料施用前应充分腐熟，进行无害化处理，以杀死其中的病菌、寄生虫卵及杂草种子。

2. 平衡施肥　蔬菜生产中以有机肥为主，氮、磷、钾和钙、镁及各种中微量元素合理搭配的平衡施肥，可以避免蔬菜过量累积硝酸盐。

3. 施用生物肥，实行有机、无机、生物肥配合施用　施用生物肥料，可以改善土壤团粒结构，增加蔬菜的防病抗病能力及耐贮性，提高蔬菜的品质。

4. 采取科学的施肥方法　用化肥作基肥时进行全层深施，作追肥时少量多次施用。化肥要深施、早施，以减少氮素挥发，减轻硝酸盐积累；同时，可以提高利用率，使植株早发快长，延长肥效。氮肥施用上应该遵循"前重后轻"的原则，最后一次追施化肥应在收获前 30 天进行。钾肥要基施与追施并重，在采摘期要注意追施磷、钾肥。

三、家庭用肥料的简单制作

城市楼前空地土层较浅，土壤瘠薄，在种植蔬菜的各个阶段均需施用肥料来保证蔬菜的正常生长。另外，家庭盆栽对肥料的要求是养分缓慢释放，肥效长且无毒，无臭味，不污染环境。相对于农村，城市中肥料来源较少，而家庭生活垃圾中，有丰富的肥料来源，收集方便，加工简便，比购买的化肥营养全面、肥效长久、经济实惠。家庭用肥料常用的制作方法有以下几种。

第一种，用小缸或小坛收集废菜叶、瓜果皮，鸡、鸭、鹅、鱼的肠杂及废骨，蛋壳或发霉变质的食物等，加上 10 倍的淘米水，并洒入少许杀虫剂后盖严，经过充分发酵后即可使用，在使用前需加适量的水稀释。

第二种，发酵后的淘米水、养金鱼的废水、鱼腥水、洗奶瓶水、洗蛋壳水、洗锅碗水、草木灰等都含有氮、磷、钾三元素，是浇灌蔬菜的好肥料。

第三种，家禽和鸟类粪便是完全肥料，含有蔬菜生长需要的氮、磷、钾、有机质和微量元素等物质，是蔬菜的良好肥源。由于禽粪发酵时会产生高温，所以需经过充分腐熟后方可施用。

第四种，猪骨、牛羊骨、狗骨头等，用高压锅蒸煮 1 小时，取出晒干，粉碎后发酵，就是最好的磷肥。将兽骨直接在火上烧透再砸碎，也可做成磷肥。

第五种，不能食用的坏花生、烂豆子、臭鸡蛋、霉瓜子等都有很高的氮肥，碎骨、鸡毛、人发、鱼刺、禽粪、蹄和角等含有丰富的磷肥，这些废弃的有机物，经堆积发酵后，可作基肥使用，用缸密封泡制成黑色、发臭的液体，经稀释后，可作追肥。

第六种，家畜粪尿和垫料（稻草、麦秸、泥土）及饲料残渣等发酵后可作基肥使用。

第五节　蔬菜常见病虫害防治的基本知识

一、常见的蔬菜病虫害

（一）苗期病害

蔬菜苗期病害主要有：猝倒病、立枯病、沤根。危害瓜类、茄果类、豆类及十字花科蔬菜幼苗。

1. 猝倒病　受害幼苗出土后，在近地面幼茎基部呈水渍状黄褐色病斑，病斑绕茎扩展，似水烫状，而后病茎缢缩成线状，幼苗即倒地。空气潮湿时，病苗或土壤表面可出现白色絮状霉层。

2. 立枯病　病苗基部变褐色，后病部收缩细缢，茎叶萎垂枯死。稍大病苗发病初期白天萎蔫，夜间恢复，当病斑绕茎一周时，幼苗逐渐枯死，叶片萎蔫不能复原，直至直立枯死。病斑呈椭圆形

暗褐色，具有同心轮纹及淡褐色蛛丝状霉。

3. 沤根　低温引起的生理性病害，幼苗（育苗阶段或定植后）根部不发新根，幼根表面初呈锈褐色而后腐烂，导致地上部叶片变黄，严重时萎蔫枯死，极易拔起。

（二）生长期病害

1. 霜霉病　多发生在瓜类和叶菜类蔬菜上，从幼苗至采收均可发生，而以成株受害最重。主要危害叶片，初呈浅黄色水渍状圆形或多角形病斑，潮湿时叶背长出白色霜状霉层，严重时正面也有白色霉层；后期病斑枯死变为黄褐色，并连接成片全叶枯死。该病是由莴苣盘梗霉菌侵染所致的真菌病害。借助风雨、昆虫传播，适温15℃～17℃，低温高湿、种植过密利于病害流行。

2. 白粉病　多发生在果菜类蔬菜上，苗期至收获期均可染病，主要危害叶片。叶片发病初期在叶背或叶面产生白色粉状小圆点斑，后逐渐扩大为不规则边缘不明显的白粉状霉斑，病斑可连接成片，布满整张叶片，受害叶片表现为褪绿和变黄；发病后期病斑上产生许多黑褐色的小黑点，严重时病叶组织变为褐色而枯死。

3. 锈病　属真菌病害，多发生在豆类蔬菜上，主要危害叶片。初期在叶背或叶面产生黄褐色或淡黄色小点；后期病斑中央突起呈暗褐色，即夏孢子堆，周围有黄色晕圈，表皮破裂后散发出红褐色粉末状夏孢子，严重时整张叶片布满锈褐色病斑。

4. 软腐病　属细菌性病害，多发生在叶菜类蔬菜上。田间植株从包心期开始发病，常见症状是在植株外叶上，叶柄基部与根茎交界处先发病，初水渍状，后变灰褐色腐烂，病叶瘫倒露出叶球，俗称“脱帮”，并伴有恶臭；另一常见症状是病菌先从菜心茎部开始侵入引起发病，植株外生长正常，心叶逐渐向外腐烂发展，充满黄色黏液，病株用手一拔即起，俗称“烂疙瘩”，湿度大时腐烂发出恶臭。

（三）常见虫害

1. 蚜虫　包括桃蚜、萝卜蚜和甘蓝蚜。蚜虫体型很小，分有

翅蚜和无翅蚜2种。蚜虫1年有2个高峰:4月中旬至6月上旬为第一个高峰;秋季形成第二个高峰。主要以成虫和若虫群集在嫩叶、嫩茎及花梗上吸食汁液,传播病害,常使蔬菜叶片失绿变黄、萎蔫、皱缩,新梢、嫩茎和花梗扭曲变形。幼叶卷缩,影响植株,并导致煤污。

2. 豆螟　成虫体长约13毫米,暗黄褐色;幼虫体长约18毫米,体黄绿色,头部及前胸背板褐色。成虫以夜间活动为主,卵产在含苞欲放的花蕾或花瓣上,初孵幼虫蛀入花蕾,可在花蕾中取食一直至老熟幼虫,然后脱落土地中化蛹;或被害花瓣黏在豆荚顶部或脱落黏在豆荚上,蛀入豆荚危害。

3. 潜叶蝇　以幼虫蛀食上下表皮之间的叶肉组织,形成干褐区域的黄白色虫道,蛇形弯曲,无规则。虫粪线状,影响叶片光合作用、产量、质量,使蔬菜失去食用价值,世代重叠,可危害多种蔬菜。

4. 菜粉蝶　其幼虫称菜青虫。幼虫食叶,一至二龄幼虫啃食叶肉,留下一层清而透明的表皮,三龄后可食整个叶片,轻则虫孔累累,重则仅剩下叶脉、叶柄,虫粪污染蔬菜,虫伤易引起软腐病的发生。喜食甘蓝和花椰菜。

5. 小菜蛾　成虫为灰褐色小蛾,初龄幼虫仅能取食叶肉,留下表皮,在菜叶上形成一个个透明的斑,农民称为"开天窗"。三至四龄幼虫可将菜叶食成孔洞和缺刻,严重时全叶被吃成网状。在苗期常集中于心叶危害,影响大白菜、甘蓝包心。

二、蔬菜病虫害防治的基本原则

蔬菜防治病虫害应坚持"预防为主,综合防治"的方针,采用科学的农业种植技术,以提高蔬菜植株的抗病虫能力为基础,优先采用物理、生物、生态防治方法,尽可能控制病虫害的发生,减少化学农药的施用,以获取安全的蔬菜产品。

(一)农业技术

因地制宜地选择适于当地种植的蔬菜品种,精耕细作,及时清理田间及周边杂草、病叶,实行倒茬轮作等技术,减少病虫害的发生。

(二)物理防治技术

利用太阳能高温消毒和冬季低温杀死病虫菌卵,采用防虫网、黄板诱杀等措施减少害虫的数量,从而减少病害的传播。

(三)生物防治技术

采用生物制剂杀灭病原菌与害虫,保护赤眼蜂、七星瓢虫、草蛉等益虫,减少病虫害的发生。

(四)化学农药防治技术

及时选用低毒、无残留的化学药剂对病原菌及害虫进行杀灭和控制,按照说明书进行使用,忌随意加大药量。

三、无公害农药的选购

应到正规的农资经营部门选购无公害农药,并携带发病植株或虫体,以便技术人员对病虫害正确诊断。购买农药产品要索要票据,以利于维护自己的权益。优先选购生物农药,如苏云金杆菌、阿维菌素、苦参碱等。尽量选择高效低毒、低残留的化学农药,如吡虫啉、噻虫嗪等。

第二章 农家自留菜地种植技术

第一节 农家自留菜地种植、施肥及病虫害防治原则

农家自留菜地是农村小片自留地,形状不规则,面积不等,一般在村庄附近。农家自留菜地种植的一般都是适季蔬菜,生产的蔬菜主要自己家庭食用,量大时也可拿到市场销售。

一、农家自留菜地种植原则

农家自留菜地可根据季节变化栽培各种适宜的蔬菜。根据自留菜地的面积合理安排种植茬口,尽量满足不同时期对蔬菜的需求。自留菜地一般要种植多茬次、多品种的蔬菜,如种植豆角,可选择春季种植,自己采种后在春末夏初再种植一次,利用夏季末再种植一次,这样一年当中大部分时间都可以吃到自己种植的豆角了。在两行豆角之间的空地又可种植菠菜、生菜、小白菜、上海青等叶菜类蔬菜。自留菜地面积大时可考虑种植经济效益高的蔬菜,比如利用阳畦、小拱棚、中棚等形式的简易保护地设施,生产出经济效益高的蔬菜,如番茄、辣椒、黄瓜、西葫芦、莴苣、春花椰菜等,拿到市场上销售。

二、农家自留菜地施肥原则

农家自留菜地面积较小,生产出的蔬菜大部分提供自己食用,种植上也不追求产量,要求蔬菜产品优质安全。农家自留菜地施肥以有机肥为主、化肥为辅,施肥方式以基肥为主、追肥为辅。农

家自留菜地施肥应注意多施农家有机肥，氮、磷、钾肥均衡施用。

三、农家自留菜地病虫害防治原则

农家自留菜地病虫害防治一定要使用无公害农药，提倡进行病虫害综合防治技术，通过田间管理达到无病虫害或很少发生病虫害。

第二节　农家自留菜地种植规划

农家自留菜地可根据季节变化栽培各种适宜的蔬菜，它既可以用露地栽培蔬菜的方式栽培蔬菜，也可以使用阳畦、小拱棚、中棚等形式的保护地栽培蔬菜的方式栽培蔬菜。种植规划要根据食用需求合理安排种植茬口，尽量满足不同时期对蔬菜的需求。

早春可以利用阳畦、小拱棚、中棚等形式的保护地设施种植韭菜、甘蓝、花椰菜、番茄、黄瓜、辣椒、茄子、白萝卜、西葫芦、莴苣等蔬菜。

春露地可以种植番茄、辣椒、茄子、爬豆、豆角、黄瓜等蔬菜。

秋季可种植白菜、萝卜、花椰菜、甘蓝、黄瓜、番茄、萝卜、茄子等蔬菜。

冬季可种植菠菜、香菜、蒜苗、香葱、冬花椰菜、越冬甘蓝等蔬菜。

第三节　农家自留菜地蔬菜种植技术

一、黄瓜种植技术

农家自留菜地黄瓜种植可分为早春小拱棚黄瓜种植、春露地黄瓜种植、夏秋黄瓜种植。

(一)早春小拱棚黄瓜种植技术

农家自留菜地种植早春小拱棚黄瓜可选择自己购买种子，自己育苗，也可选择购买育苗公司的种苗进行种植。选择自己育苗可选购适于早春种植的津春4号、津优1号及津绿4号等优良黄瓜品种。

黄瓜一般于3月初至4月初进行播种育苗，郑州地区一般于3月15～25日进行播种育苗。将选用的黄瓜种子除去秕籽，晾晒1天后，倒入55℃温水中浸种5～6小时，然后在25℃～28℃条件下催芽，待种子露白后，即可将种子播在营养钵中。营养钵可用直径10厘米、高10厘米的营养钵，内装营养土8厘米，浇透水，水透后在每个营养钵内播发芽种子1～2粒，播种后营养钵上覆土1.5～2厘米厚，平盖地膜，以利保墒。播种后用地膜密封2～3天，当有2/3的种子子叶出土时及时揭掉地膜。苗期尽量少浇水，防止高温高湿出现高脚苗，促进黄瓜根系生长。一般白天温度应控制在27℃～32℃，不宜过高；夜温一定要控制在15℃以下，最好为12℃～13℃。当苗高达15厘米左右、具2～3片真叶时即可进行低温炼苗，培育壮苗。此期增加育苗畦通风量和通风时间，减少浇水，白天温度保持20℃～25℃，夜间保持8℃～10℃。黄瓜育苗壮苗标准：苗龄35天左右，株高15～20厘米，3叶1心，子叶完好，节间短粗，叶片浓绿肥厚，根系发达，健壮无病。

营养钵中的营养土可用壤土和有机肥按比例混合制成。有机肥能够提供完全且比较持久的养分，兼起疏松土壤作用。有机肥可用腐熟的厩粪(猪粪、马粪、鸡粪等)、草木灰、沙子、炉渣、菇渣等3～5种混合而成。可按壤土3份、有机肥1份比例进行混合，当有机肥中鸡粪比例比较高时，在配制营养土时有机肥的比例应低一些，防止营养土肥力过大发生烧苗。配制营养土时可用50%多菌灵可湿性粉剂500倍溶液喷洒营养土，或使用50%多菌灵可湿性粉剂直接混到营养土里，每立方米营养土用药量25～30克，进

行营养土消毒，可有效预防黄瓜苗期各种病害。

定植前要施足基肥，每 667 米^2 施优质农家肥 5 000 千克、磷酸二铵 20 千克、硫酸钾 20 千克，施后深翻耙平，根据地块起垄，垄宽 60～80 厘米，沟宽 30～40 厘米，垄高 20 厘米，垄面上覆膜。

当黄瓜幼苗具 4～5 片真叶时，即可定植。选晴天中午，在垄上挖孔定植，间距 25～30 厘米。将苗放入后及时用土封苗，栽苗覆土与原育苗深度一致。若低则根系外露，若深则根茎部易缺氧死亡。使用细竹竿做拱棚架，上面覆盖塑料薄膜，四周用土封严，定植后要浇足缓苗水。

定植初期密闭不放风，促进缓苗，因为定植水充足，小拱棚薄膜上布满水珠，不会烤伤秧苗。定植 3～4 天浇 1 次缓苗水，开始揭膜放风。白天棚内气温升高至 30℃时，从小拱棚两端揭开薄膜进行放风，下午棚内气温降至 20℃时盖上薄膜闭风。要求畦面表土见干见湿，选无风晴天，揭开薄膜。在黄瓜株间追施硫酸铵每株 5 克，用手锄封垄结合松土，每株黄瓜插一根 40 厘米高的竹竿把瓜蔓绑在竹竿上，再重新盖上薄膜，灌水后加强放风。

早春小拱棚种植黄瓜，竹竿棚内空间小，温度变化剧烈，前期灌水要勤，保持水分充足，这样既可防高温又有防冻害的作用。随着外温升高，夜间气温不低于 5℃时，白天从小拱棚两侧升起几处放对流风。要不断增加放风量，延长放风时间，并放夜风。当外界气温已完全符合黄瓜生育要求时，利用早晨或傍晚撤下小拱棚，把瓜秧从竹竿上解下，重新支架绑蔓。插完架后再进行 1 次浅松土，每 667 米^2 追施硫酸铵 25～30 千克或硝酸铵 20～25 千克，然后浇水。

早春小拱棚种植黄瓜，缓苗后进行 3～4 次中耕松土，由近及远，由浅到深，结合中耕锄草。

早春小拱棚黄瓜要及时采收根瓜，以免坠秧。根瓜采收后要及时浇水追肥，随后每采收 1 次要浇水追肥 1 次。

早春小拱棚种植黄瓜，前期病虫害较少，后期病虫害主要有蚜虫、白粉虱、霜霉病、细菌性角斑病、炭疽病、白粉病、灰霉病。黄瓜病虫害如果发生在前期可用药物进行防治，如果在后期发生可不用防治，黄瓜拉秧后应及时清理残叶。

蚜虫可用10%吡虫啉可湿性粉剂1 500倍液，或2.5%溴氰菊酯乳油2 000倍液喷雾防治。

白粉虱可用25%噻嗪酮可湿性粉剂800倍液，或25%噻虫嗪水分散粒剂2 500倍液喷雾防治。

霜霉病可用72%霜脲·锰锌可湿性粉剂800倍液，或69%烯酰·锰锌可湿粉剂1 000倍液喷雾防治。

细菌性角斑病可用72%硫酸链霉素可溶性粉剂3 000倍液，或77%氢氧化铜可湿性粉剂800倍液喷雾防治。

炭疽病可用75%百菌清可湿性粉剂600倍液，或10%苯醚甲环唑水分散粒剂1 500倍液喷雾防治。

白粉病可用10%苯醚甲环唑水分散粒剂1 500倍液，或40%氟硅唑乳油3 000倍液喷雾防治。

灰霉病可用40%嘧霉胺可湿性粉剂800倍液，或50%腐霉利可湿性粉剂1 000倍液喷雾防治。

(二)春露地黄瓜种植技术

农家自留菜地种植春露地黄瓜应选择中早熟、抗病品种，如津研5号、津研6号、津春4号、夏丰1号等。

一般于4月初至4月底进行播种育苗，催芽及育苗方式同早春小拱棚黄瓜种植。

在定植前7～10天开始炼苗，降低温度、湿度，以使黄瓜生长速度减慢，使幼苗组织充实，以提高其对露地环境的适应性。同时，要加大通风量和延长放风时间，逐渐撤除覆盖物，白天保持15℃～20℃，夜间8℃～10℃。定植前几天覆盖物全部撤除。

定植前要施足基肥，每667米^{2}施优质农家肥5 000千克、磷

酸二铵 20 千克、硫酸钾 20 千克，施后深翻耙平。根据地块起垄，垄宽 60～80 厘米，沟宽 30～40 厘米，垄高 20 厘米。

春黄瓜的露地定植时间是在晚霜过后。要选晴天栽苗，不要在阴天、风天定植，株距 25 厘米。

定植后 4～5 天，心叶开始生长，当地下部长出大量新根时，浇 1 次缓苗水。浇水后，到根瓜坐住前一般不浇水，只进行中耕松土。第一次中耕要求深、透、细，深 7 厘米左右，苗坨周围也要锄透，但不能伤根，目的是疏松土壤，提高地温，促进根系生长，控制茎叶生长。当大部分植株的第一个瓜（叫根瓜）坐住时（瓜长到 12 厘米左右），开始浇头一水，这一水要适当多些。当地皮不黏时，进行第二次中耕，要浅锄，结合中耕除掉杂草。以后浇水要看天、看秧，灵活掌握。

使用竹竿搭架，搭“人”字形架。及时中耕除草。每 3～4 片叶绑一道蔓，要曲蔓绑以延长结瓜部位。应去掉根瓜以下的侧枝，根瓜以上的侧枝先留下，待见瓜后再留 1～2 片叶摘心。

盛瓜期，气温已高，蒸发量大，茎叶茂盛，生长快，结瓜多，是黄瓜一生中需水最多时期，一般每隔 3～4 天浇 1 次水，小水勤浇，在浇水时间上，结瓜前期最好在上午进行，采瓜盛期和后期在傍晚进行。黄瓜怕涝，雨后要注意排水，避免畦内积水。

结合第一次浇水追 1 次肥，以后每隔 1～2 次浇水追 1 次肥，盛瓜期每隔 7～10 天追肥 1 次，可随水追肥。追肥原则是少量多次。

春露地黄瓜一般在定植后 25～30 天开始采瓜，采收期 40～60 天。根瓜要及时采收，以免坠秧。

春露地黄瓜一般中后期病虫害较为严重，病害主要为白粉病和霜霉病；虫害主要为蚜虫。防治技术参见本章第三节第一部分“（一）早春小拱棚黄瓜种植技术”。

(三)夏秋黄瓜种植技术

夏季由于高温多雨以及病虫害的暴发流行,夏秋露地黄瓜生产技术难度大。黄瓜夏、秋季露地栽培,应以耐热、抗病品种为主,可选用津春4号、津杂2号、夏丰、大青、夏青、宁阳大刺、朱庄秋瓜、鲁春32、津杂3号、津杂4号、北京的截头瓜、中农1101、京旭2号、西农58、西农棒槌瓜、宁丰、湘瓜1号、湘瓜2号等品种。

由于夏季多雨,肥料易流失,应重施有机肥,整地前每667米^{2}施腐熟圈肥5 000～8 000千克。整地不宜深,以15厘米左右为宜,以免深耕积水受涝。整地后做畦。夏秋黄瓜栽培一定要采用小高畦或高垄,不能采用平畦,以免受涝。做畦的方法如下。

小高畦:畦宽50厘米、高20厘米,畦沟宽70厘米。在小高畦两侧种植2行黄瓜,株距20～25厘米。

高垄:先做高畦,畦面宽70厘米,沟宽50厘米,然后在高畦中间开一条20厘米左右的小沟,可在小沟内浇水后将种子播于小沟内侧。在做畦的同时,还要提前做好排水沟,以备雨后排水用。

6月中旬至7月上旬播种,多采用直播,也可育苗移栽。由于夏季高温瓜苗较弱,可适当密植,一般每667米^{2}栽5 000～5 500株。

幼苗长出真叶时开始间苗、补苗。夏季由于时有暴雨和病虫危害,定苗宜迟不宜早,以免缺苗难补。待幼苗长至3～4片真叶时定苗。

出苗后应进行浅中耕,促幼苗发根,防止徒长。结瓜前还要中耕多次,重点在于除草。

播种结束后,要着手修整排水沟,加固渠道,清除沟底杂物。一旦变天,应把排水的畦口敞开,大雨时要及时排除积水。

夏秋露地黄瓜,应特别注意防涝。地表干时也要及时浇水。苗期可施少许尿素促苗生长,结瓜后一般每10～15天追肥1次,每次每667米^{2}施三元复合肥10～15千克。结瓜盛期肥水要充

足。处暑后天气转凉，可叶面喷施0.2%磷酸二氢钾或0.1%硼酸溶液，以防化瓜。

定苗浇水后随即插架，并结合绑蔓进行整枝。夏秋栽培的品种多有侧蔓，基部侧蔓不留，中上部侧蔓可酌情多留几叶摘心。下部老叶、病叶要及时摘除，以免消耗过多的养分，还有利于通风。

夏秋露地黄瓜从播种至采收仅需40～50天。结瓜后天气逐渐凉爽，采收的时间要求不严格。

夏秋露地黄瓜病虫害较多且危害较重，应定期喷药，重点防治。病害主要有霜霉病、白粉病、炭疽病和细菌性角斑病等，虫害主要有蚜虫。防治技术参见本章第三节第一部分“(一)早春小拱棚黄瓜种植技术”。

二、番茄种植技术

农家自留菜地番茄种植可分为早春小拱棚番茄种植、春露地番茄种植、夏秋番茄种植。

(一)早春小拱棚番茄种植技术

农家自留菜地种植早春小拱棚番茄可选择自己购买种子，自己育苗，也可选择购买育苗公司的种苗进行种植。选择自己育苗可选购适于早春种植的早熟、耐寒、丰产、品质较好的品种。

农家自留菜地种植早春小拱棚番茄一般可在2月上旬至3月中旬播种育苗。在播种前3～4天进行催芽，把晾晒过的种子用55℃温水浸种，并搅拌至不烫手为止。浸泡8～10小时，把种子捞出，用清水淘洗1～2次，用纱布或毛巾包好，放在25℃～30℃的地方催芽，每天用清水冲洗1次黏液，以防霉变，经过2～3天即可出齐播种。

播种前先做育苗畦，每667米^{2}施农家肥3 500千克、磷酸二铵15千克，土与肥料充分混匀后整平，做1.2～1.5米宽的育苗畦，要求畦面土细碎、畦里土上虚下实。播种前先浇透水，待水渗

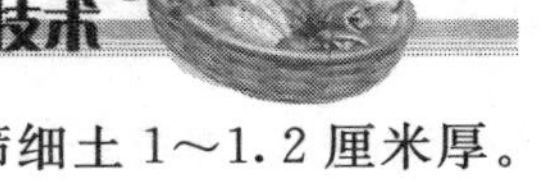

下后，将种子均匀地撒在床面上，然后盖过筛细土1～1.2厘米厚。播种后盖塑料薄膜，以保温保湿。

种子出苗期间应保持适宜的地温，白天宜保持26℃～28℃，夜间20℃以上。一旦出土就要给以充足的光照，同时还要降低气温，特别是夜间温度，以免形成“高脚苗”。白天保持22℃～26℃，夜间13℃～14℃。从齐苗到幼苗长有2片真叶这一阶段的白天超过25℃应当通风。播后要保持地面湿润，干旱时用喷壶浇水，但不能浇水过多，避免高温低湿的现象出现，造成猝倒死苗。2片真叶时就应分苗，分苗前要炼苗，白天温度可降至20℃～22℃，夜间只要不降到8℃以下即可。经过3～4天后，就可选晴天分苗了。

分苗后应提高床温，少放风，促进发根缓苗。缓苗后到幼苗长有5～6片叶这一期间，温度按正常进行管理，要适量通风，做到既要秧苗快长又不徒长。土壤发干时应喷水。此期要保证土壤水分供应，防止缺水。定植前7天左右开始炼苗，定植前5天左右浇水后割坨晒坨。

用营养袋或营养钵进行分苗。按水平方向做好分苗床，幼苗2～3片真叶时将其移栽于营养钵中，置于分苗床中浇透水，上盖薄膜，保温缓苗。

分苗后3天内不揭薄膜，使床内温度白天保持25℃～28℃，夜间17℃～28℃。幼苗全部立直，心叶开始生长时，适当降低温度，白天20℃～26℃，夜温12℃～13℃。4～5片叶开始炼苗，白天可揭开薄膜，早揭晚盖。随着外界温度的逐渐升高，晚上可不盖薄膜，但要防霜冻。

分苗后7～10天要浇1次小水，以渗透营养钵为准。以后一般不浇水，防止徒长。

分苗后30～40天，当株高15～20厘米，7～8片叶，株型开张，叶色浓绿，茎的下部呈紫色，第一花序现蕾，长出2～4厘米长

的不定根时即可定植。

当10厘米地温稳定在8℃以上，最低气温在5℃以上，并稳定5～7天后定植。定植时应选择无风晴朗天气进行。一般行距50～60厘米，株距20～23厘米，每667米^{2}栽4 500～5 000株。定植深度以地面与子叶相平为宜，定植后立即插好拱架，盖上棚膜。

缓苗后白天棚内气温保持25℃～28℃，最高不超过30℃，夜间保持13℃以上。随着外温升高，加大放风量，延长放风时间，早放风，晚闭风。进入5月中旬以后就要开始放大风，尽量控制白天不超过26℃，夜间不超过17℃。

移栽初期必须控制浇水，防止番茄茎叶徒长，促进根系发育。第一花序坐果后，每667米^{2}追施三元复合肥30千克，浇1次水。当表土稍干后松土培垄（地膜覆盖除外）。第二、第三花序坐果后再各浇1次水。浇水要在晴天上午进行，浇水后要加强放风，降低棚内空气湿度。棚内湿度过大易发生各种病害。

番茄整枝方法一般采用单干式整枝，无限生长类型品种可留3～4层果摘心，有限生长类型品种可留2～3层果摘心，及时摘掉多余的侧枝。结合整枝绑蔓摘除下部老叶、病叶，并进行疏花疏果。番茄植株可用细竹竿插架支撑。

为防止落花落果，花期在加强温度、水分等环境条件管理的同时，进行人工辅助授粉（振动植株或花序）。

病害主要有晚疫病、灰霉病、叶霉病、病毒病、早疫病等，虫害主要有蚜虫、白粉虱、棉铃虫等。防治方法如下。

番茄病毒病：有花叶型、蕨叶型和条斑型，主要症状为卷叶，落蕾落花，果实形成花脸或腐烂。防治方法是选用抗病品种；用70℃高温处理干种子，用0.1％高锰酸钾溶液消毒；实行3～4年轮作，清洁田园，治蚜防毒；发病初期用20％吗胍·乙酸铜可湿性粉剂500～700倍液喷雾。

番茄早、晚疫病:属真菌性病害,主要症状是植株下部叶片的叶尖或边缘先出现水渍状病斑,后变褐色。潮湿时病斑上生白霉。病原在前茬茄科作物上越冬,借风、雨、水传播,高温高湿易发病。防治方法是勤检查,发现中心病株后及时清除病叶和喷药;选用75%百菌清可湿性粉剂500～700倍液,或25%甲霜灵可湿性粉剂1000倍液,或64%噁霜·锰锌可湿性粉剂800～1000倍液,或40%三乙膦酸铝可湿性粉剂200～300倍液喷雾;实行3～4年轮作,选用抗病品种,加强栽培管理,提高植株抗病性。

棉铃虫:俗称钻心虫。以幼虫钻入果内引起果实腐烂。其幼虫体长30～40毫米,体色有淡绿色及黑紫色。以蛹越冬,1年发生多代。防治方法是:冬耕、冬灌减少冬蛹;在幼虫发生盛期,喷90%敌百虫原药(或50%敌敌畏乳油)1000倍液,或50%辛硫磷乳油1500倍液。

番茄一般在果实转色时即可采收。

(二)春露地番茄种植技术

适合春露地种植的品种主要有毛粉802、中蔬系列、强丰系列、绿丹、中杂9号等。

春露地番茄育苗一般在3月上旬至4月上旬,育苗技术参见“早春小拱棚番茄种植技术”。

春露地番茄定植前每667米^{2}施有机肥5000～6000千克、磷酸二铵25～30千克作基肥,深翻均匀,耙平地面做好排灌水沟,按宽50～60厘米、高10～15厘米做高畦,方向以南北向延长为好。

一般采用80厘米宽幅地膜,将垄面整平,保证膜能紧贴地表以提高地温,抑制杂草,保水保肥。

春露地番茄的定植时期以断霜为准,定植密度一般每畦2行,畦内小行距50～60厘米,大行距60～70厘米,株距35～40厘米。先挖穴,穴深8～10厘米,一般每667米^{2}栽3500～5000株。定植最好选在无风晴朗的天气,栽苗不要过深过浅,栽植深度以土坨

和地表相平或稍深为宜。栽苗后及时浇水。

春露地番茄定植后，趁浇定植水后地松散时支架、中耕，保墒松土，提高地温，以利缓苗。

番茄分单干、双干及多干整枝，春露地番茄一般用单干，即只留主茎生长，所有侧枝都在 5～7 厘米长时削除。

春露地番茄定植后以中耕保墒为主，不干旱可不浇水，进行蹲苗。当第一穗果核桃大时，植株进入结果期，需水量逐渐加大，一般每 5～7 天浇 1 次水，沙质土气温高时要多浇，相反则少浇，以提高果实质量。番茄追肥视地力而定，一般在结果初期，结合浇水冲施速效化肥，每 667 米^{2}10～15 千克，共 2～3 次。留 4 穗果以上的高架，要增加追肥次数。

春露地番茄病虫害主要有晚疫病、灰霉病、叶霉病、病毒病、早疫病、蚜虫、白粉虱、棉铃虫等，防治方法参见“早春小拱棚番茄种植技术”。番茄一般在果实转色时即可采收。

(三)夏秋番茄种植技术

夏秋番茄应选择耐热、不易早衰、耐病的品种，如红宝石、益农 101、金丰 1 号、穗丰等。

夏秋番茄一般在 6 月上旬至 7 月上旬播种育苗，先将床土浇足水，然后将催好芽的种子用炉灰拌种，均匀播撒在苗床上(营养杯育苗的可增加 2～3 倍的密度)，用拌有消毒药剂的细土(每立方米用 50％多菌灵可湿性粉剂 30～50 克)盖种约 0.5 厘米厚，再覆盖黑色遮光网或稀薄干稻草，以保湿防晒。约 50％幼苗拱土后，应及时揭开覆盖物，通风透气，防止幼苗徒长感病。遇暴风雨和烈日强光天气，应及时采用遮雨遮光棚加以保护。幼苗具 1～2 片真叶时进行疏苗，拔除弱、病、小苗。营养杯育苗的应及时移苗。播种至定植，一般需 25～30 天，这一时期的管理是为高产打基础，必须注意供水适当，及时发现并防治病虫害，防止秧苗徒长或僵化。

番茄是喜肥作物，每 667 米^2 施入以厩肥为主的有机肥 5 000

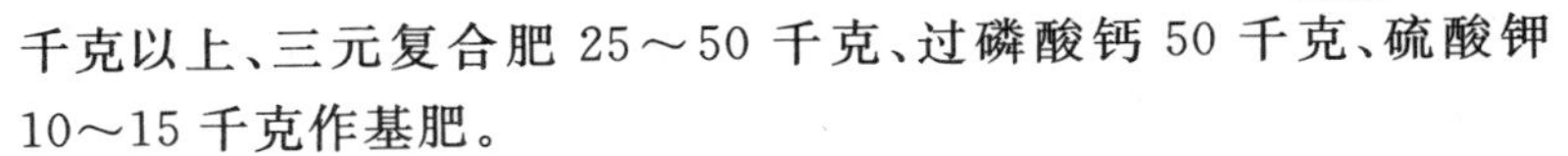

千克以上、三元复合肥 25～50 千克、过磷酸钙 50 千克、硫酸钾 10～15 千克作基肥。

夏秋番茄定植正值高温干旱季节，应选择阴雨或晴天傍晚进行，移苗定植时尽量少伤根。定植密度一般为行距 60～70 厘米，株距 40 厘米。定植后淋定根水，用干草覆盖畦面，但应距离植株 10～13 厘米。

定植成活后，应及时搭架，可选用长 1.6～1.8 米、食指粗的竹竿或树条，在离植株 8～10 厘米的沟侧插牢，并联结成高“人”字形架。植株生长到一定高度时，分次用布条或塑料绳绑蔓，以确保番茄植株向上正常生长。

夏秋番茄一般采取双干整枝方式，即除留主干外，再留第一花序下部最壮的 1 个侧芽，形成结果侧枝，其他叶芽全部摘除。对无限生长型的品种，为了保证果实整齐一致，在坐果率达到产量指标时，视植株生长状况，可适时打顶。侧芽约 3.3 厘米长时应及时摘除，过早或过迟均不利于植株生长发育。雨天不宜摘芽，以防感染病害。

番茄追肥以猪粪尿、复合肥、尿素等速效肥为好。追肥应视天气、苗情合理进行，干旱天气应稀肥勤施，雨后或灌水前可适当增施。还要掌握前轻后重的原则，即坐果前轻施促苗肥，尤其要控制氮肥，膨果期和采收期应定期追肥，肥要离开根部 10 厘米左右。叶面喷施微量元素肥是补充植株营养的经济有效措施，可结合喷洒杀菌剂，定期喷施绿旺 1 号或 3 号、磷酸二氢钾等叶面肥。遇连续干旱天气时，应及时灌水防旱，灌水宜采取小水流沟浸灌的方式，切不可大水漫过畦面。晴热天应在夜间灌水，以免根部受害。

夏秋番茄开花期，多处于高温干旱气候条件下，不利于授粉受精，影响坐果。大多数品种均要求在开花的当日，喷涂 20～25 毫克/千克防落素溶液进行保花保果，喷涂时不要溅滴到叶面上。

番茄虫害主要有棉铃虫和蚜虫，病害主要有番茄早疫病、番茄叶霉病、番茄灰霉病、番茄病毒病、番茄晚疫病、番茄脐腐病、番茄斑枯病和番茄青枯病。

番茄早疫病：早疫病也叫轮纹病，发病后叶面具同心轮纹状病斑，暗褐色，水渍状。茎和叶柄、果实等发病后也有同心轮纹病斑，潮湿时病斑上有黑色霉状物。发病前后可用70%代森锰锌可湿性粉剂500倍稀释液，或75%百菌清可湿性粉剂400倍稀释液喷雾，每7天1次，连喷3～4次。

番茄叶霉病：叶霉病也叫黑星病。果实发病时蒂部周围有凹陷较硬的黑色病斑，叶片有不规则黄色病斑，潮湿时产生褐色霉层，使叶片枯黄、卷曲，然后脱落。设施栽培发病较重。发病前后可用70%代森锰锌可湿性粉剂500倍稀释液，或50%腐霉利可湿性粉剂800～1 000倍稀释液喷雾，每7天1次，连喷3～4次。

番茄灰霉病：设施栽培中易发此病，可造成大量烂果。病果灰白色，水渍状，软化，上生灰霉；苗期茎叶生灰霉，易腐烂，叶片、花瓣也发病。开花期可在蘸花药液中加入50%腐霉利可湿性粉剂或50%异菌脲可湿性粉剂1 000倍液，效果很好。也可对果实喷雾，但应注意轮换用药，防止病菌产生抗药性。

番茄病毒病：秋季易发此病。主要有3种症状：第一种是由烟草花叶病毒侵染的花叶型，病叶黄绿相间，果面呈花脸状，叶脉透明，植株矮小；第二种是由黄瓜花叶病毒侵染的蕨叶型，幼叶细长、狭小，螺旋形下卷，叶片线形呈蕨叶状，纵卷成管状，病果畸形，果心褐色；第三种是由烟草等的几种病毒一起侵染的条斑型，叶脉、叶柄、茎秆呈深褐色条斑，仅限于表皮，果面病斑褐色。发病初期可用20%吗胍·乙酸铜可湿性粉剂500倍稀释液，或高锰酸钾1 000倍液喷雾，每7天1次，连喷2～3次。

番茄晚疫病：晚期疫病也叫疫病。受害叶柄和主茎呈黑褐色腐烂，幼苗萎蔫倒伏，病斑从叶尖、叶缘开始，潮湿时有白色霉状物，干燥时干枯，病斑由暗色转暗褐色，水渍状或云纹状，稍凹陷，病果坚硬。发病时可用40%三乙膦酸铝可湿性粉剂300～400倍液喷雾,每7天1次。也可用粉尘法防治,即用丰收10型喷粉器喷5%百菌清复合粉剂,每次每667米^{2}喷1千克,傍晚喷施。

番茄脐腐病:脐腐病也叫蒂腐病,只危害番茄果实。幼果发病时呈水渍状,由暗绿变暗褐色,可扩至半个果面,失水收缩呈扁平状,潮湿时病部有霉状物。发病时可根外追施1%过磷酸钙、0.1%氯化钙或0.1%硝酸钙溶液等,每10天1次,连喷2～3次。

番茄斑枯病:又名鱼目斑病或斑点病。叶片发病时呈水渍状,病斑近圆形,中央灰白色,边缘暗褐色,稍凹陷,如鱼目状,后散生黑色小点,易穿孔。叶柄、茎和果实都可散生小黑点。发病初期可用70%代森锰锌可湿性粉剂500倍液,或50%多菌灵可湿性粉剂500倍液喷雾,每7天1次,连喷3～4次。

番茄青枯病:一般从坐果期开始发病,中午萎蔫,傍晚恢复正常,2～3天后枯死,横切病茎可流出白色菌液。可用30%琥胶肥酸铜可湿性粉剂600倍液喷雾,也可用200毫克/升硫酸链霉素溶液灌根,每株0.5千克,7天1次,灌3～4次。

夏秋番茄较春番茄着色快、易成熟、易软化变质,应及早采收。

(四)秋延后番茄种植技术

番茄秋延后栽培就是利用棚膜等保护地设施,在番茄生长的中后期人为创造一个适宜的生长环境,延长它的采摘期,提高它的产量。

秋延后栽培的番茄所处的气候环境条件与早春栽培条件恰恰相反,特别是幼苗阶段7～8月份正处于高温季节,番茄苗极易发生病毒病,因此必须选择抗病毒病、耐热性强的中晚熟品种。可选用金棚1号、L402以及佳粉系列的高产抗病品种。

秋延后栽培的番茄的播种期需严格掌握。播种过早,气温过高,幼苗长期处于高温季节,极易引发各种病害;播种过晚,又因缩短生长期而影响产量。郑州地区一般以7月中旬播种育苗为宜。

一般采用营养钵育苗的方法，播前将苗床浇足底水，在每个钵中央打一小穴，每穴放 2～3 粒种子，覆土 1 厘米左右即可。苗床管理要抓好 2 点：一是遮阴降温。有条件的可用遮阳网，没有条件的可搭遮阳棚，降低苗床的温度。二是喷药灭蚜。这个时期是蚜虫发生的高发期，蚜虫不仅危害幼苗，还会传播引发病毒病，因此必须及时防治。

幼苗期正值高温和多雨季节，幼苗极易徒长，因而应保持苗床见干见湿，若雨水过多，则要在苗床上搭防雨棚，以免发生涝害。

当幼苗达到 6～7 片叶时，要适当炼苗，逐渐减少遮阳物，让秧苗进行强光锻炼，以免定植后遭受日光灼伤。

定植田块每 667 $米^2$ 撒施 5 000 千克农家肥和 50 千克三元复合肥，深耕细耙，整平做畦，一般畦宽 1.1～1.2 米，按 60 厘米左右的行距做成 15 厘米的高垄。定植期一般在 8 月底，应选择阴天或晴天的傍晚前后进行，株距为 30～35 厘米，行距为 60 厘米，一般每 667 $米^2$ 栽植 3 300 棵左右，栽完后浇水灌畦，有利于降温缓苗。

从定植到第一穗花着果前，应根据降水情况适当进行浇水，尽量创造一个气温比较凉爽，土壤适度湿润的环境。在第一穗果长至核桃大小时，结合浇催果水、催果肥，每 667 $米^2$ 施腐熟的饼肥 40～50 千克。进入结果盛期后，一般随水追肥，可每 667 $米^2$ 每次追施氮、钾肥 15 千克。秋延后栽培的番茄坐果期正处在高温阶段，为提高坐果率需用番茄灵进行处理，使用浓度为 20～30 毫升/千克，在第一花序有 2～3 朵花开放时，用小型喷雾器喷花，一次即可。生产上，秋延后栽培番茄采用的多为中晚熟类的品种，整枝方式多采用单干整枝的方法，根据栽培密度确定留果穗数，一般每株留果 3～4 穗，每穗留 3～4 个，在坐果前就要插竹竿搭好支架。番茄定植缓苗后，就应扣棚，棚膜最好选用新膜。扣棚初期，棚内温度较高，可加大上下部通风口，使白天温度保持在 25℃～30℃，夜间保持在 15℃～18℃，随外界温度下降，逐渐缩小通风口，尤其是下部的通风口。至10月中旬除白天进行通风外，夜间应封闭棚膜，10月下旬后夜晚则应在棚膜上加盖草苫进行保温。

病虫害主要有病毒病、灰霉病、蚜虫、棉铃虫、烟青虫和甜菜夜蛾等，注意防治。秋延后番茄一般在果实转色时即可采收。

三、辣椒种植技术

农家自留菜地辣椒种植可分为早春小拱棚辣椒种植、春露地辣椒种植、夏秋辣椒种植和秋延后辣椒种植。

(一)早春小拱棚辣椒种植技术

小拱棚辣椒宜选用株型紧凑、耐低温、早熟的品种，如豫艺墨秀大椒、特大墨玉大椒、墨玉5号、金富800、金富9号和金富600等。

12月份至翌年2月份主要做好苗床常规管理工作，控制好肥水，防止徒长，加强通风换气，严控棚内温度、湿度。幼苗越冬期间应加强保温防寒工作，确保幼苗安全越冬。如遇低温寒流，应在小拱棚上加盖草苫保暖；如遇雨雪天，应及时清沟排水，降低地下水位，清除积雪，防止冻害；如遇晴天棚温过高，应及时通风换气。立春后要注意适当加大放风，及时炼苗。

整地可在定植前10～20天进行。结合整地施足基肥，一般每667米^{2}施腐熟农家肥10米^3、三元复合肥50千克左右，同时均匀施入地旺2千克进行土壤消毒。然后起垄，垄高约15厘米，垄顶宽50厘米，沟宽60厘米。做垄后随即覆地膜，以提高地温。

当棚内10厘米地温稳定在13℃以上时，即可选壮苗于晴天上午定植。多层覆盖方式，一般在立春前后定植，其他较简单的覆盖方式，定植时间相应推后。按每垄双行定植，一般采用大小行栽培的方式：大行行距60厘米，小行行距40厘米，株距30厘米，每667米^{2}定植4 000株左右，也可稀植3 000株左右。定植深度以辣椒苗根茎露出地面为宜，随后浇定植水。

缓苗期原则上不通风，以促进发新根，加快缓苗，白天温度可控制在 28℃～30℃，夜间 18℃～20℃；缓苗后注意通风，空气相对湿度保持在 60%～65%，以提高辣椒坐果率，白天温度可控制在 25℃～30℃，夜间 15℃～18℃；开花坐果期白天 25℃～28℃，夜间 15℃～18℃；盛果期应适当降低夜温，以利于结果，但不得低于 15℃。

辣椒对光照要求比较严格，白天光照时间短，光照强度弱，对辣椒生长不利，需增加光照。小拱棚覆盖材料可采用防尘无滴聚乙烯膜或聚乙烯三层复合膜，保持膜面清洁，除正常通风换气、草苫揭盖外，阴雨天气一定要揭草苫 2～3 小时，以增加光照强度，4 月 20 日以后草苫撤除。

定植水浇足的，一般在门椒坐稳前不需浇水，但缓苗后土壤水分不足，可浇 1 次小水，视植株长势情况，可结合浇水每 667 米^2 施三元复合肥 15 千克。门椒采收每 667 米^2 追施尿素 10 千克、三元素复合肥 15 千克。进入盛果期，应及时增加施肥量，每采收 2 次，追肥 1 次，每次每 667 米^2 施 10～15 千克尿素、10～15 千克硫酸钾或 20 千克三元复合肥。

辣椒既不耐旱，也不耐涝，单株需水量不大。但是，由于辣椒根系不太发达，不经常供水难以获得高产。所以，在浇水时不宜大水漫灌或旱涝不均，应采取小水勤浇，保持土壤湿润，做到既不缺水又疏松通气。浇水以不淹没根茎为宜，这也是防止疫病发生的关键。浇水次数应根据土壤墒情和植株长势而定。

门椒坐住后，及时把分杈下面的侧枝全部摘除，以免其争夺主枝营养，影响果实发育。辣椒生长中后期，为提高棚内辣椒植株通风性能，适当降低温度，提高坐果率，应及时打去底部老叶、病叶，疏掉一部分徒长枝、弱枝、空果枝，拔除部分瘦弱株和病株。

门椒果应提早及时采收，以免坠秧，影响植株生长和早期产量。只要果实充分膨大，辣椒表面有一定的光泽度即可采收。当辣椒进入盛果期，采收要勤，做到轻收勤收，通常每 2～3 天采收 1 次。采收时注意不要损伤枝叶，采收后及时喷药浇水。

(二)春露地辣椒种植技术

辣椒喜温、不耐霜冻，露地栽培一般多于冬春季播种育苗，晚霜过后定植，晚夏拉秧，在夏季温度不很高的地区也可越夏直至深秋拉秧。

育苗期一般为 80～90 天。播前苗床须浇透水，待水渗下后用撒播法播种，播后覆盖 1 层厚约 1 厘米的湿润细土。苗床播种量 50～100 克/米^2。幼苗出土前，保持床温 30℃左右。子叶展开后，逐渐降低苗床温湿度，以防止幼苗徒长。要求白天保持 18℃～20℃，夜间 12℃～16℃。初生真叶显露后，需提高温度，白天保持 20℃～25℃，夜间 15℃～18℃，并尽量增加光照。

幼苗长到具 3～4 片真叶时，为避免幼苗过分拥挤，需分苗到分苗床中继续培育。分苗后应提高温度，促进缓苗。缓苗后，白天保持 25℃～30℃，夜间 20℃左右；并根据幼苗长势，适当浇水、追肥。

定植前 7 天左右进行幼苗锻炼，以增强幼苗定植后的抗逆性。定植时幼苗的外部形态应达到壮苗的标准：株高 20 厘米左右，具 10～12 片(甜椒 8 片)真叶，节间短，叶色深绿，叶片厚，根系发达，须根多，花蕾明显可见。

辣椒病害较多，应选择近 2～3 年内未种过茄科蔬菜、排水良好、疏松肥沃的土壤种植。基肥采用撒施与沟(穴)施相结合，基肥的 2/3(每 667 米^2 施腐熟有机肥 5 000～7 500 千克)在耕翻时施入，剩下的 1/3 在整地时施入沟(穴)中。

辣椒不耐湿，南方多雨地区一般采用深沟高畦栽培，畦高 20～25 厘米，沟宽 33～40 厘米。畦式通常有窄畦与宽畦 2 种：窄畦宽 1.2～1.6 米，每畦栽 2 行；宽畦宽 2.3～2.7 米。北方多采用垄作，垄距 50～70 厘米。

10厘米地温稳定在15℃左右即可定植。每穴栽1～2株。栽植密度应根据品种特性、土壤肥力及管理水平确定。植株高、开张度大的品种，株距可大些，每667米^{2}定植3 000～4 000穴；株型紧凑的品种，株距可小些，每667米^{2}定植5 000～6 000穴。

定植后要抓好促根发秧，开花结果期要促秧攻果，调节好营养生长与生殖生长的关系，后期要着重于保秧防衰，确保秋椒产量。在施足基肥的前提下，及时追肥。追肥一般用腐熟的粪肥，并加入少量速效氮肥。定植缓苗后轻追肥1次，以促进发棵。蕾期及开花期适当增加施肥量，但氮肥不可过多，以免营养生长过旺，生殖生长受阻造成落花。盛果期需大量追肥，以保证果实膨大需要，每采收1批，即追肥1次。辣椒忌涝，水分管理上应掌握“少浇、勤浇”的原则，保持土壤湿润，雨季时须注意田间排水。

辣椒定植缓苗后，需中耕3～4次。辣椒早中耕、勤中耕，有利于提高地温，防止土壤板结，促进根系发育。在结果初期封行前，应结合中耕，培土3次以上，以利于通风透光，改善土壤温湿度情况，并防止植株倒伏。

辣椒的落花、落果与落叶(通称“三落”)现象对产量影响很大。落花率一般可达20%～40%，落果率达5%～10%。温度过低或过高，辣椒授粉受精不良是引起落花的主要原因。春季低温季节，开花后用萘乙酸50毫克/千克溶液喷花，可有效地防止辣椒落花。此外，一些病害，如轮纹病(早疫病)等，也会引起落果。炭疽病、白星病等会引起落叶。

辣椒青果即可及时采收，作为鲜食用。

(三)夏秋辣椒种植技术

夏秋季节高温少雨，宜选用耐热抗旱的优良品种。辣椒的类型和品种很多，依辛辣程度分为甜椒型、半辛辣型和辛辣型。依果实形状又分灯笼椒形、长角椒形、簇生形、圆锥形和樱桃形等。

辣椒根系弱，木栓化程度高，恢复能力差，夏秋季育苗更应采

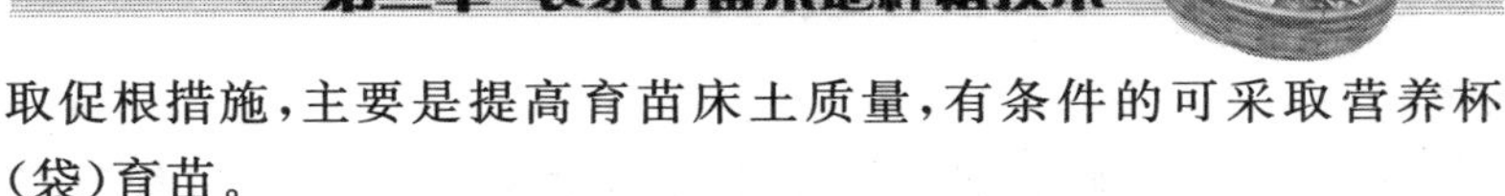

取促根措施，主要是提高育苗床土质量，有条件的可采取营养杯（袋）育苗。

种植 667 米^2 辣椒需育苗床 10～12 米^2。宜选排灌方便、通风透光、平坦、至少 2 年未种过茄科作物的田园做育苗床，将土地深翻耙碎后，开沟做床，床面宽 0.9～1 米，沟深 0.2～0.3 米，沟宽 0.4～0.45 米。每平方米床面撒石灰 50～100 克，铺施充分腐熟的细碎厩肥 3～5 厘米厚，与 7～10 厘米的土层拌匀。大田土与充分腐熟的厩肥和草木灰按 6∶3∶1 混合过筛（孔径约 1 厘米），再将配制好的营养土撒在耙平的床面上，用木条刮平。

选购色泽新鲜、整齐饱满、发芽率高的优质种子（每 667 米^2 生产用种约 50 克），先用清水浮去瘪粒和杂质，加入适量清水浸种 5～8 小时（水温高时宜短），再加入 0.5～1 克 70%百菌清可湿性粉剂或 72%硫酸链霉素可溶性粉剂 0.05～0.1 克灭菌 10～15 分钟，用干净棉布包好洗净，沥净水并抖散，置于室温下催芽。催芽期每天用清水漂洗 1 次，在干湿适当的条件下，4～5 天即可发芽。若室温低于 25℃，需人工加温至 25℃～35℃。

50%以上种子露白根时，应及时播种。播种前先将苗床浇足水（分次浇透至 10 厘米以下），种子掺入适量草木灰或炉灰吸水散开后，均匀撒播或按 7～10 厘米间距条播在苗床上，覆盖筛过的营养土约 1 厘米厚。出齐苗后，每隔 7～10 天喷洒 1 次，用 75%百菌清或 77%氢氧化铜可湿性粉剂 600 倍液，预防病害发生。还要注意及时防治地老虎、蚜虫和螨类。4 月份地温较低时播后宜盖地膜防寒增温。为了保地老虎、证苗齐、匀、壮，应进行 2～3 次间苗，拔除病、残、弱苗和过密的苗。幼苗期因其生长缓慢，暴风雨来临前应采取防护措施，并保持苗床土壤的干湿交替状态，不可过干或过湿。

定植前，每 667 米^2 撒施石灰 100～150 千克，混入 10～15 厘米表土，耙碎后开沟做畦，畦宽 0.8～0.9 米，沟宽 0.4 米，沟深

0.2～0.25 米。

辣椒根系浅，吸收能力弱，而且采收期又长，施肥应以优质有机肥为主，施足基肥，一般每 667 米^2 施入腐熟厩肥或土杂肥 2 000～2 500 千克，另加过磷酸钙 50 千克、硫酸钾 15～20 千克、尿素 10～15 千克、硫酸锌 2～3 千克。

施肥方法有撒施、条施、穴施 3 种。量较大的精厩肥，可撒施后混拌入 10～15 厘米表土，或者畦中开沟条施；化肥在定植穴侧深施；少而精的有机肥以穴施为好，先按一畦两行，行距 50～60 厘米、株距 30～40 厘米、深 13～17 厘米的施肥穴，将化肥撒入穴底，上盖有机肥，定植时与表土混合将秧苗栽种在穴侧。施肥后，每 667 米^2 用 1 千克五氯硝基苯拌细沙或细土撒施畦面消毒。杂草多的地块，可每 667 米^2 用 48%氟乐灵乳油 100～150 毫升对水喷雾防除杂草。

选阴天或晴天傍晚移苗定植，定植前将苗床浇透水，移苗时带土挖起，尽量少伤根，每穴 1 株，定植后及时浇足定根水，干旱时要连续几天浇水，或者沟灌浸水保持土壤湿润，以利成活。

定植后，畦面用稻草或者其他不易腐烂的干草覆盖，以利保水、降温、防草，盖草应距离幼苗 10 厘米左右。

定植成活后，视苗情追肥 3～4 次，以充分发酵的人畜粪尿或三元复合肥为好，追肥宜稀不宜浓。有一定数量枝叶后，可进行叶面追肥，喷洒氨基酸复合肥、绿旺 2 号、复硝酚钠等，以利保花保果。辣椒开花挂果后，可进行 1～2 次培土护根。植株繁茂的品种和地块，应及时插支撑竿，以防倒伏伤根。

夏秋季节多雷阵雨，几天不下雨易导致干旱，土壤过于干旱时，于阴天或晴天傍晚进行沟灌，其水深不超过沟深的 1/3。

辣椒病虫害主要有疫病、白星病、霜霉病、叶霉病、叶斑病、绵疫病、根腐病、基腐病、立枯病、白绢病、青枯病、软腐病、蚜虫、茶黄螨和烟青虫等。

疫病、白星病、霜霉病、叶霉病、叶斑病、绵疫病等病害，主要危害茎、叶和果实，可选用40%三乙膦酸铝可湿性粉剂800～1 000倍液，或50%异菌脲可湿性粉剂500倍液，或77%氢氧化铜可湿性粉剂600倍液，或75%百菌清可湿性粉剂600倍液，或80%福·福锌可湿性粉剂500倍液进行叶面喷雾。

根腐病、基腐病、立枯病、白绢病等病害，主要危害茎基部和根系，导致植株枯萎、枯死，发病初期用36%甲基硫菌灵悬浮剂600倍液喷洒或浇灌根部。

青枯病、软腐病等病害，可用72%硫酸链霉素可溶性粉剂4 000倍液，或25%络氨铜水剂500倍液淋根、喷雾。

蚜虫主要有桃蚜、萝卜蚜，危害辣椒叶背和嫩梢，造成叶片卷缩变形，植株生长不良，并传播病毒病，发现后立即喷洒50%抗蚜威可湿性粉剂3 000倍液，或40%乐果乳油1 200倍液，喷雾要细致。

茶黄螨刺吸幼嫩叶片汁液，导致植株畸形，受害叶片边缘向下卷曲，背面呈灰褐色，呈油质光泽或油渍状，落花落果。防治方法是及时喷73%炔螨特乳油2 500～3 000倍液。

烟青虫幼虫蛀食花蕾、果实、嫩茎叶和芽。防治方法是摘除虫蛀果，防止幼虫转移危害，定期喷洒10%联苯菊酯乳油1 000倍液，或25%灭幼脲悬浮剂1 000倍液，或生物杀虫剂苏云金杆菌乳剂100～200倍液。

辣椒是多次开花、多次结果蔬菜，当果实表面颜色转深、光洁发亮时即应采摘。采收应在早、晚进行，中午因水分蒸发过多，果柄失水，采摘易伤枝条。

(四)秋延后辣椒种植技术

秋延后大棚辣椒生产的条件与春季生产完全相反，气温由高到低，因而必须充分利用秋季有利的气候条件，在严冬到来之前形成产品，在初冬利用保护设施维持其生命以延续供应。产品只能

是一次性采收，不能像春季那样陆续采摘，因而对品种要求，必须具备抗性强、早熟、前期结果集中，果实膨大速度快等特点。可选用的品种为巨无霸5号、墨玉大椒、亚洲雄风、金剑王、陇椒、穆西1号、金椒308号、京杂9号、禾椒213、春花早椒6号、巨无霸2号、洛椒98A、天王星、巨椒A8F1、中农3号、洛椒616、金椒王子、轻井泽红秀、亚椒5号、百耐、长剑。

苗床要选择在2年内未种过茄科作物的地块，畦宽1.4米，长度不限。要提前15～20天翻晒、打细、整平，在畦面撒放5厘米厚的腐熟有机肥(一定要过筛)及复合肥50～60克/米^2(尿素禁用)，然后用锄锄匀，形成10厘米厚的土粪混合层。苗床要在提前搭好的大棚内，只盖天膜，不盖裙膜，周围要通风良好，为防止暴晒，最好加盖遮阳网。

播种前将种子用55℃的温水浸种8小时，捞出漂浮籽，再用10%磷酸三钠溶液浸种15分钟，然后再用清水洗净，浸种后在阴凉处晾干即可播种。

秋延后辣椒的最佳播期为7月中旬，晚熟品种宜晚些。播种时，在每个营养土块上摆放2～3粒种子。并随即在种子上撒一撮细土，播完后再薄撒一层用敌磺钠拌过的药土。药土是由2.5%敌磺钠可溶性粉剂200克对20倍的细土配制而成。

播种后，催芽的种子4～5天即可出土，待子叶展开、露出心叶时间苗，每营养块留1株或2株苗，在下午苗床干时再撒施0.5厘米厚的细干土。

苗期要严格控制浇水，并严防雨水进入苗畦。如苗床湿度过大会导致立枯病和猝倒病发生。若过分干旱，可浇水1～2次，定植前7～10天停止浇水，以利营养土干缩。当苗龄25～30天达到显蕾标准时进行定植，为防止苗床发生病虫害，可喷洒杀虫剂和杀菌剂各1～2次。

在定植前顺棚做垄，垄距1米，垄高20～25厘米，垄顶做成拱

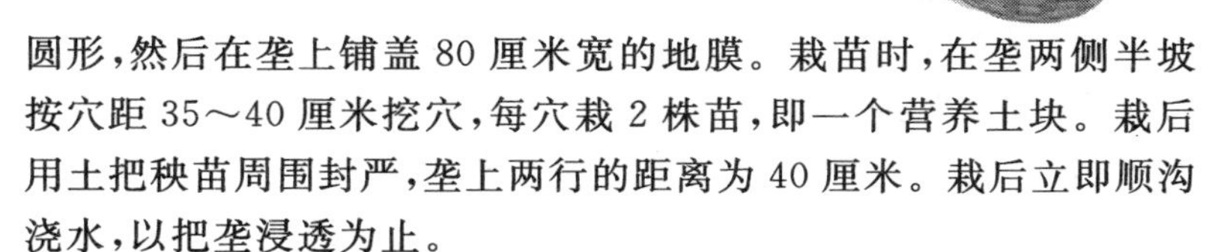

圆形，然后在垄上铺盖80厘米宽的地膜。栽苗时，在垄两侧半坡按穴距35～40厘米挖穴，每穴栽2株苗，即一个营养土块。栽后用土把秧苗周围封严，垄上两行的距离为40厘米。栽后立即顺沟浇水，以把垄浸透为止。

棚内浇水不可过多，要干湿交替，见干再浇，每次水量不宜过大，以大半沟为宜。浇水后要加大放风，降低湿度。

基肥必须一次施足，每667米^{2}施优质有机肥3～5米^3、三元复合肥30～50千克，这样苗期不用再施肥，待门椒、对椒坐稳后再补施速效肥料。可结合浇水各施尿素10～15千克，每隔10～15天施肥1次。另外，可在苗期和开花结果期用1%尿素和0.5%磷酸二氢钾溶液混合喷施。

在门椒以下的侧枝长到2～4厘米时，要全部摘除。在双株栽培的情况下，最好适当清除内膛弱枝，以利形成大果。

在果实充分膨大、色泽深绿、果肉厚而坚硬、果实有光泽的绿熟期采收。

四、茄子种植技术

农家自留菜地茄子种植可分为早春小拱棚茄子种植、春露地茄子种植、夏秋茄子种植、秋延后茄子种植。

(一)早春小拱棚茄子种植技术

早春小拱棚茄子要选择抗逆性强、株型紧凑、节位低、丰产的中早熟茄子品种。

早春小拱棚栽培茄子一般于1月中旬温室育苗。为培育适龄壮苗，应掌握以下技术环节。

播种床的准备：取肥沃的园田土6份，充分发酵腐熟的马粪或堆肥4份，每立方米混合土加入磷酸二铵2千克，捣碎，充分混合，过筛，即配成营养土。在温室内选择温度、光照条件好的部位铺成5～7厘米厚的营养土做苗床。一般每667米^{2}生产田需准备播种床 3 米^2、种子 50 克。

浸种催芽先进行温汤(水温 55℃)浸种。而后,采取 30℃条件下 16 小时和 20℃条件下 8 小时的变温处理,进行催芽,可使种子发芽整齐、粗壮。待大部分种子破嘴露白时即可播种。

播种及苗床管理:苗床先浇 1 次透水,水渗后撒一层过筛细潮土,随即均匀撒播种子于床面,并铺盖 0.5～1 厘米厚的过筛细土。播完后在床面上搭小拱棚以增温保湿。初期将小拱棚密闭,保持白天温度在 28℃以上。待大部分秧苗出土后,打开地膜,降低温度和湿度,以减少病害发生。茄子易出现“戴帽出土”现象,可于傍晚用喷雾器将种壳喷湿,让其夜间脱帽。苗出齐后,白天温度控制在 25℃～28℃,夜间 15℃～18℃。一般籽苗期不干不浇水,需要时可局部补水。待苗龄 35～40 天,秧苗长到 2 叶 1 心时即可分苗。分苗前 2 天苗床浇 1 次透水,利于起苗。

将营养土铺 8～10 厘米厚,整平、压实,选择晴天上午,按 10 厘米见方的行株距分苗。

分苗后,将温室密闭 1 周,保持白天 30℃、夜间 20℃左右的温度,促进缓苗。以后幼苗进入花芽分化阶段,应适当降低温度,白天控制在 25℃～27℃,夜间 15℃左右。

以苗床表土见干见湿为原则,既不能浇水过多,也不能过分干燥。当发现表土已干,中午秧苗有轻度萎蔫时,要选择晴天上午适量浇水,水量不宜过大。

一般苗期不进行土壤追肥,如果苗床养分不足,秧苗淡绿、细弱,可用温水将磷酸二氢钾和尿素按 1∶1 比例溶解后配成 0.5%的溶液喷洒,随后用清水冲洗 1 遍,以免灼伤叶片。

定植前 10 天,苗床浇 1 次透水,1～2 天后切坨,并将苗坨挪动。待苗坨表面见干时,向苗坨间隙撒细潮土开始囤苗。定植前 5～7 天,要加强通风,降低温度进行炼苗,使秧苗敦实健壮,以适应定植后的田间环境。

土壤化冻后即可整地。每667米^{2}施优质基肥5 000千克、过磷酸钙100千克、麻渣或饼肥50千克,旋耕2遍,耙平,即可开定植沟。要求沟距1米,沟宽30厘米,沟深20厘米。在4月上中旬选择晴天定植,先随沟灌水,按株距30厘米贴沟边交错定植2行。随即扣小拱棚防寒。支架可采用竹皮、柳条或钢丝等。

定植后1周内不放风,以提高温度,促进缓苗。随着外界气温升高,开始破膜通风,风量由小到大。待5月上中旬,结合培土起垄,将棚膜落下,破膜掏苗。

定植1周后,打开小拱棚一端,浇1次缓苗水;在培土封垄后,结合浇水每667米^{2}沟施三元复合肥15～20千克、尿素10千克。以后适当控水蹲苗。待大部分门茄进入瞪眼期后,结束蹲苗,浇膨果水。进入采收期后,每5～7天浇1次水,并随水冲施尿素10千克/667米^2。

当门茄采收后,打掉门茄以下的侧枝,以免通风不良。同时摘去门茄以下的老叶以增加植株的通风透光性,减少病害发生。

茄子主要的病害有黄萎病、褐纹病和绵疫病。实行3～5年轮作可有效控制黄萎病;在高温多雨季节,用80%代森锰锌可湿性粉剂500倍液或75%百菌清600倍液喷雾,可防治褐纹病和绵疫病。茄子的主要虫害有红蜘蛛和茶黄螨,可分别用40%乐果乳油800倍液和73%炔螨特乳油1 500倍液喷雾防治。

门茄易坠秧,应及时采收。一般当茄子萼片与果实相连处的浅色环带变窄或不明显时,表示果实已生长缓慢,此时即可采收。

(二)春露地茄子种植技术

选用优质高产、抗病性好、商品性好的茄子品种。用种子量5～6倍的55℃～60℃的热水浸种15分钟左右,不断搅拌,待水温自然下降到30℃左右即可(防疫病、炭疽病)或将种子在0.1%高锰酸钾液中浸种20分钟(防病毒病)。

用3～5年未种过茄科蔬菜的大田土与充分腐熟并筛细的有

机肥 3～4 份混合，并按营养土量的 0.1%～0.2%加入过磷酸钙。对苗床进行消毒处理，用 50%多菌灵可湿性粉剂与 65%代森锌按 1∶1 混合，每平方米苗床用药 8～10 克与 20 千克左右的半干细土混合，播种时 2/3 铺苗床中，1/3 盖在种子上。

2 月上中旬，塑料棚冷床播种育苗。播种后，覆盖细土厚 0.5 厘米左右，出苗前注意温度的管理，出苗后注意苗床湿度。定植前炼苗。

定植前结合整地施足基肥。每 667 米^2 施用蔬菜专用配方肥 80 千克或腐熟有机肥 3 000～5 000 千克、过磷酸钙 50～80 千克、硫酸钾 10～15 千克。4 月上旬定植。每 667 米^2 栽植 2 200～2 500 株。

在移栽后 7 天左右即可追施，每 667 米^2 用蔬菜专用肥冲施 3～5 千克，15 天左右再追施 7～8 千克。在盛花期每隔 15～20 天追施蔬菜配方肥 10 千克左右。灌水不宜大水漫灌和阴天傍晚浇水。门茄以下侧枝须摘除，留主干与 1～2 个分枝。及早搭设固定支架。生长过程中，及时摘除基部老叶、黄叶、病叶及过密枝叶。

门茄要及时采收，以防坠秧。

(三)夏秋茄子种植技术

夏秋茄子一般露地播种育苗，早秋淡季收获，收获期可延至深秋。夏秋茄子宜选用耐热、抗病性强、高产的中晚熟品种，南方选用油罐茄、红线茄、星光伏秋茄、伏龙茄、晚茄 1 号等，北方选用九叶茄、黑又亮、安阳紫圆茄等。

南方夏秋茄子一般在 4 月上旬至 6 月下旬露地阳畦育苗，北方播期可适当提早。采用阳畦育苗，苗床经翻耕时，加入足够的腐熟农家混合肥作基肥，畦宽 1.7 米，整好土时，浇足底水，待底水全部渗下，表面略干时，划成 12 厘米见方的营养土坨，在每坨的中央摆 2～3 个芽，覆盖厚度为 1～1.5 厘米的过筛细土，1 叶 1 心时，每坨留 1 株健壮苗。也可把种子播到籽苗床待出土长到 2 片真叶后移植，苗株行距12厘米×12厘米，浇水后或降雨后要及时在床面上撒干营养土，苗期不旱不浇水，发现缺肥，可结合浇水加入1%尿素和1.5%磷酸二氢钾混合液。若提早到3月份播种，还需注意苗期保温。5月以后育苗，苗期正处于高温时期，应搭荫棚或遮阳网，播种后为保持畦面湿润，可在畦面覆盖薄层稻草，开始出苗后立即揭除，并注意适当控制浇水防徒长。出苗后要及时间苗，2叶1心时分苗，苗距加宽到13厘米左右，稀播也可不分苗，苗龄40～50天定植。

选择4～5年内未种过茄科蔬菜、土层深厚、有机质丰富、排灌两便的沙壤土为好。每667米^{2}施腐熟有机肥5 000千克以上、三元复合肥30～50千克。早播苗龄60天左右，迟播苗龄50天左右，具7～8片叶，顶端现蕾即可定植。深沟高畦，畦宽1米左右，沟深15～20厘米，栽2行，行株距60厘米×40～60厘米，每667米^{2}栽2 500株左右。

雨后立即排水，防止沤根。门茄坐住后要及时结合浇水追肥，每667米^{2}施尿素20千克，以后每层果坐住后要及时追1次肥，每次每667米^{2}需追施尿素20千克、磷肥15千克、钾肥10千克。6月中旬至7月中下旬定植的，高温干旱时期除需经常灌水外，要在畦面铺盖稻草或茅草，覆盖厚度以4～5厘米为宜。

定植后应结合除草及时中耕3～4次。封行前进行1次大中耕，深挖10～15厘米，土坨宜大，如基肥不足，可补施腐熟饼肥或三元复合肥埋入土中，并进行培土。株型高大品种，应插短支架防倒伏。

多用双杈整枝，即把根茄以下的侧枝全部抹除。植株封行以后分次摘除基部病、老、黄叶。植株生长旺盛可适当多摘，反之少摘。

高温高湿条件下果实易发生绵疫病，严重时病果落在潮湿地面，全果腐烂，遍生白霉。发病初期用58%甲霜·锰锌可湿性粉

剂 400 倍液，或 64%噁霜·锰锌可湿性粉剂 400 倍液，或 40%三乙膦酸铝可湿性粉剂 200 倍液，或 70%敌磺钠可湿性粉剂 500～800 倍液，或 75%百菌清可湿性粉剂 500～800 倍液喷雾。苗期至成株期高温高湿、排水不良及通风不畅易发生褐纹病，引起死苗、枯枝和果腐，可用 1∶1∶200 波尔多液，或 58%甲霜·锰锌可湿性粉剂 400 倍液，或 64%噁霜·锰锌可湿性粉剂 400 倍液，或 75%百菌清可湿性粉剂 600～800 倍液喷雾。梅雨季节或地势低洼、排水不良易发生黄萎病，多在门茄坐果后开始表现症状，病害由下而上或从一边向全株发展，可在整地时，每 667 $米^2$ 撒施 50%多菌灵可湿性粉剂 5 千克。定植时，秧苗可用 0.1%苯菌灵药液浸根 30 分钟，定植后或发病初用 50%苯菌灵可湿性粉剂 1 000 倍液，或 50%琥胶肥酸铜可湿性粉剂 400 倍液，或 70%敌磺钠可湿性粉剂 500 倍液喷雾或灌根。此外，常见害虫有红蜘蛛、茶黄螨等，可选用 48%毒死蜱乳油 800～1 000 倍液，或 1.8%阿维菌素乳油 4 000 倍液等喷雾。

(四)秋延后茄子种植技术

秋延后栽培茄子，应选用抗热、耐湿、抗病、耐寒性品种。秋延后栽培茄子，一般于 5 月下旬至 6 月上中旬播种。此时正值高温多雨季节，不利于茄子生长发育。因此，此茬茄子栽培成功与否关键在于培育壮苗。茄子千粒重 5 克，每 667 $米^2$ 栽 2 800 株左右，每 667 $米^2$ 用种量 30 克。

把茄子种放入 55℃的温水中浸泡 3 分钟，并不断搅动，然后捞起，用清水洗净，再在清水中浸泡 6～7 个小时。然后用纱布口袋过滤，过滤后的种子可直播，也可催芽后再播。在盆内装上一层细土，厚度不超过 3 厘米，干湿度以握不成团、疏松、能透气为好，如太湿可加少量细炉灰。将种子和少量干净河沙混合，均匀撒在细土上，种子上面盖上少量细土，再在盆上面盖上薄膜。气温在 20℃左右一般 4 天就可出芽(出芽以露白为准)。

苗床应选地势高，排灌水方便，3 年内未种过茄科作物的土块。由于此时期的气温高，育苗时间短，故只要施入少量腐熟有机肥作基肥。按每立方米床土加 200～300 千克有机肥，深翻整平做成畦，同时按 20～30 份床土加入 1 份药的比例，加入 2.5%敌磺钠可溶性粉剂和代森锌可湿性粉剂(比例为 1∶1)的混合药剂进行土壤消毒，以防发生苗期病害。苗床整平后，浇足底水。

播种时按 15 厘米×15 厘米放 1～2 粒种子，或直接将床土装入营养钵中，再点播种子，随即用过筛营养土盖严，盖土厚度 1～1.5 厘米。畦上再插小拱架，上面覆盖遮阳网以防太阳暴晒和大雨冲洗。

茄子虽属喜温蔬菜，但在炎热的夏天一定要科学用好遮阳网，坚持“白天盖晚上揭；暴晒时盖，弱光和阴天揭；大雨时盖，小雨时揭”。出苗期若床内缺水，可用喷壶洒水，禁止大水漫灌，以防土壤板结，影响幼苗出土和生长。幼苗出土后，应及时清除杂草。如果幼苗发黄、瘦小，可用 0.5%磷酸二氢钾和 0.5%尿素混合液在幼苗 2 片叶时进行叶面追肥，促进植株健壮生长，增强抗病能力。苗期要注意防治蚜虫和白粉虱等虫害。喷肥和喷药都要在傍晚进行。此茬茄子育苗期间温度高，幼苗生长较快，一般不进行分苗，以免伤根而引发病害。当苗龄 40～50 天，有 5～7 片真叶，即可定植。

定植前，结合整地做畦，每 667 米^2 施有机肥 2 000 千克、三元复合肥 100 千克、过磷酸钙 30 千克作基肥。在 6 米或 8 米宽的大棚内按 1.2 米或 1.3 米做成深沟高畦。

于 7 月中旬当幼苗具 5～7 片真叶时，抢阴雨天或晴天傍晚定植，每 667 米^2 定植 2 800 株左右，行距 60 厘米，株距 50～60 厘米，浇足定根水。定植后在棚上或棚内 1.8 米高处覆盖一层遮阳网。

中棚秋延后栽培茄子，定植后，缓苗快，缓苗后生长发育旺盛。缓苗期间如果中午温度过高，土壤蒸发和叶面蒸腾量大，会出现秧

苗中午前后萎蔫的现象。因此，要注意观察土壤墒情，适时浇水、中耕保墒。高温天气，中午要适当遮阴降温，防止秧苗萎蔫，以促进缓苗发根。

缓苗后，及时用10%的腐熟人粪尿追施提苗肥。从定植到茄子开始采摘上市一般需30～40天。门茄“瞪眼”以前，土壤不旱不浇水，尽量不施肥，以免引起植株徒长造成落花落果。门茄采收以后，当茄子进入结果盛期时，需肥、需水量也达到最大值。一般每隔7天左右浇1次水，每隔2次水追施1次肥。每667米^{2}每次可追施尿素13千克和硫酸钾（钾肥）7千克，或者腐熟人粪尿800～1 000千克，应结合浇水进行追肥。此时的外界气温降低，浇水应选晴天上午进行。使用滴灌效果更好，可将肥料配制成营养液直接滴灌。生长后期可以结合病虫害防治进行叶面追肥。喷药时，可加入0.2%尿素进行叶面追肥，作为根系吸收能力减弱的补充。

茄子的叶片面积大，水分蒸腾较多，一般要保持80%的土壤相对湿度。当雨水过多时，还要注意及时排水以防涝害。

为了防止因夜温低、授粉受精不良而引起落花落果，在茄子开花前1～2天或开花时，可用25～30毫克/千克防落素溶液蘸花或涂抹花柄。

由于茄子的枝条生长及开花结果习性相当有规则，一般不必整枝，而是把门茄以下的分枝除去，以免枝叶过多，通风不良。但在生长强健的植株上，可以在主干门茄下的叶腋留1～2条分枝，以增加同化面积。摘叶有利通风，可减少落花，减少果实腐烂，促进果实着色。当门茄直径生长至3～4厘米时，摘掉门茄下部的老叶即可。

为了有利于通风，防止茄子倒伏及烂果，应及时设立支架。立架方法：每隔1.5～2米立1个约1米高的立柱，在距地面30厘米处捆一横杆，在杆外侧将每一株茄子都绑一个枝在横杆上，注意不能绑得太紧，茄子长高后可把横杆向上移。

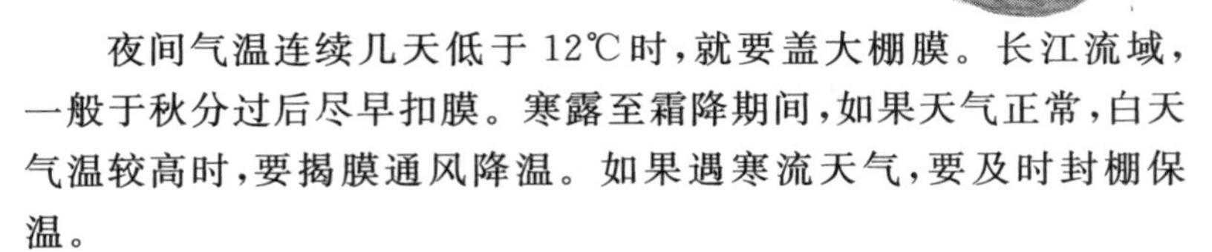

夜间气温连续几天低于12℃时，就要盖大棚膜。长江流域，一般于秋分过后尽早扣膜。寒露至霜降期间，如果天气正常，白天气温较高时，要揭膜通风降温。如果遇寒流天气，要及时封棚保温。

病虫害防治方法如下。

黄萎病：多发于坐果后，叶片初在叶缘及叶脉面变黄以后逐渐发展至半边叶片或整片叶变黄，严重时全株叶片变褐枯萎，以至脱光，仅剩茎秆。发病初可用50%多菌灵可湿性粉剂500倍液，或50%甲基硫菌灵可湿性粉剂500倍液，每株浇灌500毫升，交替使用。

菌核病：病部初呈浅褐色水渍状，温度高时会长出白色棉絮状菌丝。用36%甲基硫菌灵悬浮剂500倍液，或50%异菌脲可湿性粉剂1 500倍液交替防治，隔10～15天喷1次，连喷3～4次。

褐纹病：叶片病斑开始为水渍状小点，逐渐发展成为褐色轮纹，边缘灰白色，上生小黑点；茎上病斑呈菱形，果实上病斑也呈轮生小黑点，病处由黄变褐。用50%异菌脲可湿性粉剂1 500倍液，或47%春雷·王铜可湿性粉剂600倍液，或70%硫菌灵可湿性粉剂600倍液，或50%多菌灵可湿性粉剂600倍液交替防治。

绵疫病：果实发病后出现水渍状圆形病斑，后变褐凹陷，有时密生棉毛状白霉，最后腐烂脱落。用58%甲霜灵可湿性粉剂800～1 000倍液，或50%异菌脲可湿性粉剂1 500倍液，或72.2%霜霉威盐酸盐水剂600倍液，或72%霜脲·锰锌可湿性粉剂600倍液交替喷施。

茶黄螨：叶条状，卷叶叶片僵硬，果尖端失光泽，有黄细小斑点，严重时全部果实起黄青斑。可用73%炔螨特乳油2 000倍液，或15%哒螨灵乳油3 000～4 000倍液交替喷施。

红蜘蛛：叶卷，后期变黄、脱落，背部可见红色红蜘蛛虫体。用10%吡虫啉可湿性粉剂1 500倍液喷施。

蚜虫：叶背面出现白点，虫体长约 2.8 毫米、宽约 1.1 毫米。用 10%吡虫啉可湿性粉剂 2 000 倍液喷施。

茄子萼片与果实相接处白色或淡绿色环状带即将消失，即可采收。采收茄子时，不宜在中午进行，因中午茄子含水量低，外观色泽较差，可在傍晚或早晨采摘。早晨采摘时，注意不要碰断枝条，因早晨植株枝条脆，易折断。

五、生菜种植技术

生菜即叶用莴苣，属菊科莴苣属，为 1 年生或 2 年生草本作物。生菜生长发育对环境的要求是喜冷凉，忌高温，喜充足的阳光和水分，忌涝，对土壤的适应性广。生菜由于其含有丰富的维生素和矿物质，并且在栽培过程中一般不需使用农药，是一种“绿色食品”。

农家自留菜地种植生菜可选择秋季或春季播种种植。生菜一般选择播种育苗移栽，也可直播。

育苗盘育苗：采用纯蛭石作为基质，把蛭石装满育苗盘，整平，使用喷壶浇透，均匀撒播生菜子，上面覆盖 1～1.5 厘米厚的蛭石，铺上塑料薄膜保湿，生菜出苗后要及时撤去塑料薄膜，以防烧苗。

苗床育苗：使用有机肥料与田土充分混合，床土要整平，疏松细碎。播种前，苗床浇足底水，均匀撒播生菜子，上面覆盖 0.5～1 厘米厚的细田土，上面可覆盖旧草或塑料薄膜保湿，生菜出苗后要及时撤去覆盖物。

生菜定植一般采用平畦定植，株行距 15 厘米×20 厘米。定植前每 667 米^2 地块施有机肥 4 000～5 000 千克、过磷酸钙 20 千克，或三元复合肥 50 千克作基肥，基肥要与田土充分混合。定植时应带土护根，及时浇定根水。栽植深度以不埋住心叶为宜。

生菜需肥较多，定植 15～20 天后每 667 米^2 地块可追施三元复合肥 10～15 千克，25～30 天后追施三元复合肥 8～10 千克。

定植后需水最大，应根据缓苗后天气、土壤湿润情况，适时浇水，一般每 5～6 天浇水 1 次，浇水后要及时进行中耕除草。

生菜较少发生病虫害，遇蚜虫危害时可用 50%抗蚜威可湿性粉剂 2 000 倍液等喷雾防治。

生菜叶片长到一定大小时要及时采摘食用或销售，以防生菜生长后期抽薹，影响食用品质。

六、小白菜种植技术

小白菜又名不结球白菜，十字花科芸薹属，同属大白菜的变种，1 年生草本植物。小白菜性喜冷凉，又较耐低温和高温，一年四季均可种植。

农家自留菜地种植小白菜一般选择上海青、四月慢、苗用白菜等品种。种植季节一般选择春季、秋季，夏季种植小白菜易抽薹，影响食用品质。

小白菜生长周期短，种植地块要施足基肥，每 667 米^2 地块施有机肥 4 000～5 000 千克、三元复合肥 50 千克作基肥，基肥要与田土充分混合。

小白菜种植一般使用平畦栽培。将地做成宽 1～1.2 米的平畦，长度根据菜地地形而定，畦面要整平，畦埂要紧实。

小白菜种植一般采用撒播，小白菜种植畦面整平后，用双脚踩一遍，用耙搂平，使畦面的土细碎，把小白菜种子均匀地撒播在畦面上，然后用耙搂平。用小水浇灌种植畦，要求浇透，畦埂不跑水。

小白菜一般 3～5 天出苗，苗期要勤浇水，随水及时除草。

小白菜根群分布较浅，吸收能力较弱，生长期间应不断地供给充足的肥水，多次追施速效氮肥，才能获得优质高产。幼苗定植后要立即浇透定根水，以后每天浇水 1 次，促使幼苗迅速长根，恢复生长。后期浇水要根据天气而定，一般结合施肥进行。在幼苗定植后转青长出新根时，用 15%的人粪尿肥追肥 1 次。以后每 5～7

天追施1次人粪尿肥，浓度逐步提高到40%。全期追肥4～6次，采收前8～10天停止施肥。同时，施肥量与浓度还应根据天气情况而灵活掌握。南风天，潮湿、闷热的天气不利于小白菜生长，施肥量宜稀宜少或停施；北风天，晴天，昼夜温差大的冷凉天气，小白菜生长快，施肥可浓些多些。此外，在小白菜叶片生长的旺盛期，可在晴天用0.7%～0.8%尿素溶液喷洒叶面，进行根外追肥，对叶片生长有明显的促进作用，可使叶片色泽加深，提高品质。

小白菜很少有病害发生，但要及时防治菜青虫、甘蓝夜蛾等叶菜类蔬菜害虫。

小白菜要边采收食用、边间苗，这样能够延长采收期。

七、大蒜种植技术

大蒜为百合科葱属，多年生草本植物。大蒜营养丰富，常用来作配菜，用量大。近些年大蒜被一些不法商人炒作，大蒜价格居高不下，我们不妨在自己家里种植，满足食用需求。

大蒜要适期播种，如播种过早，出苗率低，且易出现复瓣蒜；播种过迟，冬前生育期短，幼苗小，易受冻害。郑州地区播种选在10月中下旬。

播种前应将地块施足基肥，每667米^{2}施优质圈肥4 000千克、磷酸二铵40千克。施后要精细整地，随地势做成1.2～1.5米的平畦。

选择个头大、蒜瓣大而整齐、蒜瓣硬实、颜色洁白而新鲜的蒜头作种。开沟播种或挖穴播种，开沟深度为10厘米，行距15厘米，株距6～8厘米，将种瓣排在沟中，并使其保持直立，然后盖土覆膜。覆膜时，要求地膜在畦面上平展，地膜下面无空隙，使地膜紧贴畦面，以免滋生杂草。当大蒜出苗后要及时进行破膜，破膜用尖铁丝在膜上扎孔，孔口直径掌握在1厘米左右。也可不覆盖地膜。

播种后应立即浇1次透水，出齐苗后浇第二次水，土壤封冻前浇1次防冻水。数天后覆盖草苫或玉米秸秆，防寒防旱，保证蒜苗安全越冬。春分前后应及时清除地面覆盖物并选晴朗温暖天气浇水，促进蒜苗及早返青生长。4月初至4月底根据墒情浇1次发棵水，随水追肥2～3次，一般每667米^{2}追施尿素15千克，采薹前3～4天停止浇水。蒜薹收获后应经常保持土壤湿润，促进蒜头迅速增大，直至收获前2～3天停止浇水。植株叶片大部分已经枯干，假茎变软时，为采收的最佳时期。

八、大葱种植技术

大葱属百合科多年生草本植物，生产上一般作2年栽培。大葱适应性很强，耐旱抗寒，喜凉怕热，对土壤要求不严。

农家自留菜地大葱种植、播种、育苗可分为秋季和春季。

秋播育苗前要整地，每667米^{2}育苗床撒施充分腐熟的农家肥2 500千克，深耕细耙，做成100厘米宽的平畦。一般秋天平均气温稳定在16.5℃～17℃时为适宜播种期，播种到土壤封冻有50～60天时间。一般采用条播法播种，行距15～20厘米，每667米^{2}用种3～4千克。秋播一般6～8天出苗，由于当时气温高，苗床应注意保湿，播种后覆盖地膜，出苗时及时揭去。苗床浇水应视土壤墒情而定。一般出齐苗后浇1次小水，土壤封冻前浇越冬水。浇封冻水后，可在育苗畦上撒一层马粪、土杂肥或草木灰1～2厘米厚，以利防寒保墒，使幼苗安全越冬。翌年春天土壤化冻后要及时将覆盖物搂出畦外。当秧苗长出3片真叶后，结合浇水追肥2～3次，每次用硫酸铵15千克左右，或尿素6～7千克。同时，翌年春天要及时拔除杂草进行二次间苗。定植前7天左右，停止浇水，进行炼苗，提高定植成活率。定植前适龄壮苗为：苗高40～50厘米，茎粗1.0～0.5厘米，根系发达，叶无黄尖，无病虫害。每平方米葱苗可定植667米^{2}的大田。

大葱春播育苗，苗床应在冬前准备好，要求同秋播。土壤解冻后越早播越好，出苗后撤去地膜，由于生长期短，要加强肥水管理，生长前期进行适当间苗。中期要肥水齐攻，追肥3～4次；后期要控制肥水，防止徒长影响成活率。

大葱的定植期要求不严，在6月上旬至7月上旬均可定植。

定植前结合整地每667米^{2}撒施或定植前沟施4 000千克充分腐熟的农家肥，在农家肥中要事先掺入尿素15千克、过磷酸钙或三元复合肥20千克。然后深翻耙平，开沟做垄。

起苗前2天浇1次水，保证起苗时干湿适宜；起苗时要剔除病、残苗，将壮苗分级定植。定植行距80厘米，株距3～4厘米，每667米^{2}以栽植2万～3万株为宜。

定植一般采用排葱和插葱法。排葱法适宜短白葱栽植，插葱法适合长白葱栽植。栽植深度要掌握上齐下不齐的原则，即葱苗心叶以距沟面以上7～10厘米为宜。

灌水一般分4个阶段，第一阶段是缓苗越夏期，无论哪种方法定植都必须浇足定植水。然后在大约20天的缓苗期间，水分上要宁干勿涝，防止烂根。第二阶段是发叶盛期，8月中旬以后，根下恢复进入发叶盛期，视苗情浇小水。第三阶段是大葱旺盛生长及葱白形成期，是水分管理的关键时期，要掌握勤浇、重浇的原则。第四阶段是葱白生长后期，10月下旬以后，应逐渐减少灌水。

一般需进行3次追肥，第一次在8月上旬缓苗后进入发叶盛期前进行。每667米^{2}追施尿素5～10千克。第二次在8月下旬进行，此时正值发叶盛期，每667米^{2}施尿素5～10千克、硫酸钾15～20千克。第三次在9月上旬进行，每667米^{2}追施尿素5～10千克。如肥力较高，第二、第三次追肥可不进行。

大葱培土有软化葱白和防止倒伏的作用。必须在葱白形成期分次进行，分别在8月上旬、8月下旬、9月上旬进行。培土深度第一、第二次各为15厘米，一般第二次培土后平沟，第三、第四次培

土各为7.5厘米左右。将行间土培到定植行上，使原先的垄变成沟，原先的沟变成垄。

病虫害防治方法如下。

葱斑潜蝇：除收获后及时清洁田园外，要在产卵前抓紧消灭成虫，成虫盛发期可用21%氰戊·马拉松（增效）乳油6 000倍液，或40%乐果乳油1 000～1 500倍液，每隔5～7天1次，即可防治成虫；幼虫危害时，可用40%乐果乳油1 000～1 500倍液，连喷2～3次。

葱蓟马：可用50%乐果乳油1 000倍液，或50%辛硫磷乳油1 000倍液，或10%氰戊·马拉松乳油1 500倍液喷雾防治。

九、豆角、爬豆种植技术

豆角、爬豆是常见的蔬菜，可春秋两季栽培。豆角、爬豆为喜温植物。生长适宜温度为15℃～25℃，开花结荚适温为20℃～25℃，10℃以下低温或30℃以上高温会影响生长和正常授粉结荚。

播种前先整地。每667米^{2}施腐熟有机肥5 000千克、过磷酸钙50千克、硫酸钾15千克，均匀撒施后耕翻30厘米，耙碎搂平，然后按垄宽80厘米、沟宽30厘米，做成垄高12厘米左右龟背状的栽培畦。早春播种应覆盖地膜，覆盖地膜可保温、保湿，苗期防杂草。

豆角、爬豆4月中下旬可采用直播。播种前应进行选种，剔除瘪籽、霉籽和破损的种子，阳光下晒种1～2天。行距55厘米，穴距25厘米，每穴播种4～5粒。出苗后每穴定苗2～3株。

秧苗出齐，待子叶展平后间苗，每穴留苗3～4株。当幼苗长至6～7片叶时定苗，每穴留苗2～3株。同时，出苗后要及时控水蹲苗，中耕2～3次，秧苗附近可浅锄，行间要深锄，以提高地温，促

进根系发育。甩蔓前及时封沟培土。结合封沟每667米^{2}追施尿素20～25千克，然后浇水插架。豇豆可用长1.8～2米的竹竿和树枝作架，每丛1根，每4～6根绑成1架。

第一花序结荚后结合浇水追肥1次，每667米^{2}追施腐熟人粪尿2000千克。进入结荚盛期，每5～7天浇水1次，每10～15天追肥1次，每次追施腐熟人粪尿1000千克，同时用0.3%磷酸二氢钾溶液叶面喷肥；结荚后期植株衰老，要及时摘去下部的病老黄叶，以改善通风透光条件。

当豆角、爬豆豆荚充分伸长、加粗，而种子尚未膨大时应及时采收。具体采收时间以每天上午10时以前或下午5时以后为宜。采摘时，一手捏住荚条，一手护住花序，并注意保护同一花序上的其他花蕾。

虫害防治：地老虎在苗期咬断幼苗，昼伏夜出，日出前可人工捕捉，亦可用90%敌百虫可溶性粉剂50倍液拌麸皮制成毒饵诱杀防治。蚜虫主要集中在嫩头及嫩叶背吸食叶液，潜叶蝇主要在上、下叶表皮间钻食，可用10%吡虫啉可湿性粉剂2000倍液，或用20%甲氰菊酯乳油3000倍液喷雾防治。豆荚螟是豇豆的主要害虫，可危害叶、花和嫩荚，其防治措施：一是及时清除被害卷叶、落蕾、落花及落荚，减少虫源；二是采用黑光灯诱杀成虫；三是用90%敌百虫可溶性粉剂1000倍液。或用5%氟虫腈悬浮剂2500倍液，从现蕾开始每隔7～10天喷药1次，连续3～4次，采收前7天停止用药。

病害防治：豇豆常见主要病害有茎基腐病、锈病和叶霉病等。茎基腐病可用20%甲基立枯磷乳油1200倍液，或95%噁霉灵原粉3000倍液灌根，每穴300毫升。锈病可用15%三唑酮可湿性粉剂1000倍液，或25%丙环唑乳油400倍液喷洒叶面，连喷2～3次。叶霉病可用50%腐霉利可湿性粉剂1500倍液，或用80%代森锰锌可湿性粉剂600倍液叶面喷洒，6～7天喷1

次，连喷 2～3 次。

十、黄花菜种植技术

黄花菜属多年生草本植物，其花蕾营养丰富，味道鲜美。一般采用移栽的方式进行栽培。

黄花菜根系发达，分蘖较快，要求比较疏松深厚的土壤，因此移栽前要深翻 30 厘米左右，结合翻地铺施土杂肥 5 000～10 000 千克、过磷酸钙 50～75 千克或磷酸二铵 50 千克、钾肥 15～25 千克。翻耕以后耙耱土壤，平整田面，做到上虚下实。

黄花菜秋栽宜在 9 月中旬进行，春栽以 3 月下旬最为适宜。移栽前先要分株。选择花蕾多、品质好、15～20 天生的分蘖较多的株丛，将其全部或部分连根掘出，再按分蘖节根从短缩茎分开，剪除已衰老的根，并将根适当剪短即可作为种苗移栽。黄花菜生长时间长，一般宜采用宽窄行种植，宽行 70 厘米，窄行 35 厘米，穴距 35 厘米，采用三角形或对栽法，每穴以 3～4 株为宜。移栽时要注意深度，一般 15～17 厘米较好。过深则分蘖缓慢，盛收期延迟；过浅则苗小苗弱，产量不高。

中耕每年要进行 3 次。第一次在春季发芽以后进行，中耕要结合追肥，疏松土壤、翻埋肥料，以促进幼苗的旺盛生长。第二次在黄花菜采完以后进行，此次疏松主要是铲除杂草，疏松土壤，接纳雨水。第三次应在割叶后进行，主要是壅土，以保证根系能安全越冬。

黄花菜耐旱，但在花期不能缺水。有灌水条件的地方可在花期浇水 2～3 次。黄花菜苗不耐涝，若遇暴雨或田间有积水，应及时排涝。

黄花菜常因肥水供应不足或不及时而造成落蕾。为防止落蕾，除要搞好中耕、施肥和适量浇水外，还可喷 10～20 毫克/千克防落素溶液，可每隔 7～8 天喷 1 次，共喷 2～3 次。

花蕾采完以后，割去花葶和老叶；在秋季，叶片枯萎时将叶子割去，也可以翌年春天发芽时割枯叶。

黄花菜的主要病害有叶枯病和叶斑病，防治方法是选用地势高燥、排水良好的地块种植，发病前要喷药保护，可用65％代森锌可湿性粉剂500～600倍液，7～10天喷1次，连喷2～3次。主要害虫有蚜虫、红蜘蛛和蛴螬，用50％抗蚜威可湿性粉剂加水40升喷雾可以有效防治蚜虫；用50％辛硫磷乳油300毫升拌细沙土30千克，随中耕翻入土壤中，可有效杀死地下蛴螬；石硫合剂可抑制红蜘蛛危害。

黄花菜是陆续现蕾，陆续开花的，所以要每天采收。采收时间为下午3～5时。采收时要求花蕾呈浅黄色，黄花瓣纵沟明显，花嘴未裂。

十一、蛇瓜种植技术

蛇瓜别名蛇豆、蛇丝瓜、大豆角等，葫芦科栝楼属中的1年生攀援性草本植物。蛇瓜播种适宜期为3月中旬至6月上旬。蛇瓜在育苗前先将种子在太阳下晒1～2小时，然后用35℃～40℃温水浸种24小时，浸种期间换水数次，清洗种皮上的黏状物，即可在30℃左右下进行催芽，种子破嘴后即可播种。如气温较高，则不必催芽，可直接点播于床土上，种子上盖土厚1～1.5厘米。

蛇瓜定植前整好地，施足肥，每667米^{2}可施腐熟有机肥2 000～3 000千克于定植穴内。幼苗3～4片真叶时移栽定植，株距0.8～1.2米，行距1.5～2米。定植后注意保湿。

幼苗定植成活后施1次稀薄粪水。上架后及时追施有机肥，结合用复合肥，并进行中耕、除草、培土、浇水。结果期要经常保持土壤湿润，每隔7～10天追施肥水1次。结果期每隔10天叶面喷施0.3％磷酸二氢钾溶液。

蛇瓜在抽蔓前搭好架，平架或“人”字形架均可，高度不低于2

米。植株生长初期茎蔓爬地生长，此时应进行压蔓扩大根系。上架前应摘除细弱的侧蔓，只留主蔓或选留1～2条健壮的侧蔓。当每条蔓结有2～5条蛇瓜时，根据枝条的长势，在瓜前面留3～8片叶摘心，同时注意理瓜，使瓜自然下垂，以防止果实卷曲而影响生长，但又要避免瓜条接触地面，否则易腐烂。对过密的侧蔓应适当疏剪，摘除畸形、病虫侵害的蛇瓜。整枝、理果都应小心谨慎，以免弄断枝蔓和瓜条。

蛇瓜由于具有一种特殊的气味，病虫害很少发生。

谢花后10～15天即可采收，采收以蛇瓜的皮色微泛白、有数条绿色条斑时为宜，采收过迟影响食用价值。

十二、西兰花种植技术

西兰花为十字花科芸薹属1年生植物。西兰花于7月下旬至8月上旬播种。播种前每平方米施腐熟堆肥1 500～2 000千克，按1.2米宽畦面开沟，沟宽40厘米，整平畦面，用毒死蜱防治地下害虫，浇足底水。播种覆土后搭棚覆遮阳网。西兰花齐苗至3叶期仍须遮阳，若床土过干，于傍晚浇足水。3叶1心后逐步揭去遮阳网炼苗，4～5叶时移栽大田。

移栽前每667米^{2}施腐熟有机肥2 000千克、三元复合肥40～45千克、硼砂1.5千克作基肥，同时每667米^{2}用90%晶体敌百虫全田撒施，防治蛴螬等地下害虫。移栽前深挖一套沟，按1.5米畦宽开沟做畦，沟宽30～40厘米。

选晴天下午移栽，株行距60厘米×55厘米。移栽后浇透水。一般在封行前7～10天浇1次水。

封行前结合除草中耕松土2次。大雨前后要及时排涝降渍，雨过天晴要松土透气，预防黑根病。

要及时追肥。定植后7～10天施提苗肥，每667米^{2}施尿素10千克；结合封垄培土时再追1次肥，每667米^{2}施尿素15千克；

第三次在现蕾时，每 667 米^2 施高浓度三元复合肥 25 千克、尿素 10 千克。

西兰花移栽后重点防治黑根病。田间管理上要求没有明显暗渍，土壤干湿适宜，爽水透气。病害发生时，用 25%多菌灵可湿性粉剂 400 倍液，或 70%甲基硫菌灵可湿性粉剂 1 000 倍液进行灌根处理。虫害以菜青虫为主，较易防治，每 667 米^2 用 1.6 万单位/毫克苏云金杆菌可湿性粉剂 500 倍液防治一龄、二龄幼虫。甜菜夜蛾、斜纹夜蛾则选用虫螨腈、甲氧虫酰肼等高效低毒农药，防效很好。

现蕾前后，及时去除主茎以下侧枝。稀植时上部可留 1～2 个粗壮枝，于主花球采收后立即追肥，采收侧花球。

十三、紫苏种植技术

紫苏为唇形科紫苏属 1 年生草本植物，营养丰富，又是疗效良好的中药，也可用作观赏植物。

播种前要施足基肥，特别要施足优质农家肥，如牲畜粪、家禽粪等，要求每 667 米^2 用量在 5 000 千克以上。肥料先经充分腐熟，在春季整地前撒施，然后犁翻入土，细耙拌匀，使土肥混匀。

紫苏为须根系，根系发达，可入土 30 厘米以上，但主要分布在 25 厘米的土层中。因此，要在冬前深耕，耕深达 25 厘米以上，利用冬季冻垡，消灭土地里的病菌孢子、卵块和蛹，疏松土壤，增强土壤蓄水保肥能力。春种前，进行春耕春耙，把土地整细、平、松、软，上虚下实。

如排水不良，会严重影响紫苏产量和品质。紫苏需精细管理，并多次采收，因而必须开沟做畦。畦面宽以人站两边可以除净畦面杂草和有利于采收即可。一般要求畦面宽 1.2 米左右，畦沟宽 30～40 厘米，沟深 15～20 厘米。

紫苏采用直播、撒播、条播、穴播均可。紫苏适应性较强，地温在5℃以上即可萌发。一般3月下旬至4月上旬为播种适期。

紫苏出苗后要及时间苗，结合间苗进行中耕除草。注意中耕入土要浅，以免伤根；以后要根据苗情、墒情及草情，再中耕除草2～3次，并松土保墒。

紫苏在其生长期间，特别是夏季生长旺盛期，要及时浇水抗旱，保持土壤湿润；雨季特别是大雨后，及时清沟，排净积水，防止受渍烂根。

紫苏以嫩茎叶供食用，可进行摘叶打杈，促进植株茂盛生长，出现花芽分化的顶端要及时摘除，以保持茎叶的旺盛生长。

十四、毛豆种植技术

毛豆即俗称的大豆、黄豆，为蝶形花科植物，1年生草本农作物。毛豆煮食容易，营养丰富，深受人们喜爱。

毛豆3月中旬至6月均可播种，常采用穴播。株行距22厘米×22厘米，出苗后及时查苗，及时补播。

毛豆生长需要大量的磷、钾肥，因此施用磷、钾肥对毛豆增产效果显著。磷、钾肥一般以基肥为主，追肥为辅。基肥的数量，应视土壤肥力而定，一般施三元复合肥100千克、草木灰100～150千克。在生长期间可视生长情况适时追肥。幼苗期，根瘤菌尚未形成，可施10％人粪尿1次；开花前如生长不良，可追施10％～20％人粪尿2～3次，也可追施0.3％～0.5％尿素。适时追肥，可以增加产量，提高品质。

毛豆是需水较多的豆类作物。对水分的要求因生长时期而不同。播种时水分充足，发芽快，出苗快而齐，幼苗生长健壮；但水分过多，则会烂种。4月中旬，气温稳定在18℃以上时，保护地栽培要揭去盖膜，视土壤干湿情况及时灌溉，确保毛豆生长发育对水分的需要。生育前期和开花结荚期，切忌土壤过干过湿，否则会影响花芽分化，导致开花减少，花荚脱落。

毛豆的害虫主要有豆荚螟、大豆食心虫和黄曲条跳甲等。豆荚螟在毛豆开花结荚期灌水1～2次，可杀死入土蛹和幼虫。幼虫入荚前可用40％乐果乳油或50％马拉硫磷乳油1000倍液喷雾防治。黄曲条跳甲主要危害叶片，可用80％敌敌畏乳油1 000倍液喷雾防治。毛豆的病害主要是锈病。锈病防治，首先是选用无病种子或对种子进行消毒处理；其次是实行轮作，避免重茬；最后是在发病初期，用75％百菌清可湿性粉剂600倍液喷雾，苗期喷药2次，结荚期喷药2～3次，每次相隔5～7天。

毛豆进入鼓粒期后，就可陆续采收。采收时也可分2～3次采收，这样可以提高产量。采收后应放在阴凉处，以保持新鲜。

十五、丝瓜种植技术

丝瓜为葫芦科攀援草本植物，根系强大，茎蔓性、五棱、绿色，主蔓和侧蔓生长都繁茂，茎节具分枝卷须，易生不定根。丝瓜一般春季露地栽培，管理简单。

选择耐热性强、抗病毒病能力强、产量高、品质优的品种，如翠玉丝瓜、江蔬1号丝瓜、五叶香丝瓜、上海香丝瓜等。

在阳畦或小拱棚内育苗，一般于3月中下旬播种。播前准备好营养钵（加装营养土）或72穴穴盘（加装瓜类蔬菜栽培基质）。先用50℃～55℃温水浸种15分钟，待水温降至30℃左右时再浸种8小时，然后在25℃～30℃环境中催芽，芽长0.5厘米时播种。播种前先将每个营养钵或穴盘用水浇透，水渗后内平放1粒出芽种子，盖土1厘米厚，覆地膜保温保湿。播后控制床温25℃～30℃，1周左右即可出苗。出苗后要通风降温，白天保持25℃～28℃，夜间15℃～18℃，防止徒长。保持钵内或穴盘内见干见湿，不要浇水太多，以防沤根。定植前5～7天降温炼苗，白天保持20℃～25℃，夜间13℃～15℃，一般不浇水。

定植前深翻土地，每667米^{2}施腐熟有机肥3 000～5 000千克，将地整平做畦，畦宽2.8～3米，畦沟宽0.6～0.7米。适宜定植苗龄为2叶1心至3叶1心，一般在4月中下旬定植。在畦面两侧各栽1行，株距30～35厘米，每667米^{2}定植1 200～1 400株。移栽后马上浇活棵水，铺好地膜，打孔引苗于膜外。

定植缓苗后及时施稀粪水提苗，开花结果期经常浇水，保持土壤湿润，一般每隔5～7天浇水1次。每2周每667米^{2}追施三元复合肥15千克，采收期每收获2次追1次肥。蔓长30～40厘米时及时搭架，一般采用平棚支架，棚架高2米，每畦一棚。及时绑蔓上架，摘除第一雌花以下所有侧枝，上棚后一般不再摘除侧蔓。盛果期除去老叶、病叶、过多的雄花和卷须，以利于通风透光和减少养分消耗。

丝瓜对病虫害的抵抗力强，一般病害较少，无须防治。但在管理过于粗放、天气干旱时，易发生蚜虫、白粉虱、病毒病等病虫害，应注意防治。

果实柔软、果皮茸毛减少，达到本品种采收大小时即可采收。

十六、苋菜种植技术

苋菜别名青香苋、红苋菜、野刺苋、米苋等，为苋菜属中以嫩叶为食的1年生蔬菜。苋菜一般夏季栽培，宜选用耐热、耐旱、抗病虫能力较强、高产优质的大叶红苋菜、圆叶苋菜及尖叶红苋菜等。

播种前应先整地，每667米^{2}施有机肥2 000千克、磷酸二铵50千克。深翻耙平后，做成宽1.2～1.5米的平畦。

苋菜采用5月中旬至6月下旬直播。播种采用撒播方式，每667米^{2}用种1千克。播后覆土厚0.5厘米，压实后浇蒙头水。

播种后3～6天出苗，出苗后应及时除草，并加强水肥管理，保持土壤湿润。苋菜生育期内可随水追施1～2次肥，每次每667米^{2}施10千克尿素。

苋菜抗病性较强，主要病害是白锈病，虫害是蚜虫。防治白锈

病，发病初期可喷50%琥铜·甲霜灵可湿性粉剂700倍液，或64%噁霜·锰锌可湿性粉剂500倍液防治。防治蚜虫，可用40%乐果乳油1 200～2 000倍液，或2.5%高效氯氟氰菊酯乳油4 000倍液喷雾防治。

播后45～50天、苗高12～15厘米、有5～6片叶时进行第一次采收，即间拔一些过密植株。过20天，株高20～25厘米时，可在基部留5厘米进行第二次采收。之后侧枝萌发长成约15厘米时再进行采收。

十七、苦瓜种植技术

苦瓜别名凉瓜，为葫芦科植物，具有清心明目、益气解热的作用，是一种很好的保健蔬菜。苦瓜性湿耐热，病虫害少，栽培比较容易，我国南北方均有种植。

苦瓜喜温，种子发芽适温30℃～35℃，生长发育适温15℃～30℃，温度越高越有利于结果和发育。苦瓜一般在春、夏季栽培。

3月下旬至4月上旬在小拱棚内直播，拱棚高1米，畦宽2.5米，畦间起垄，垄上覆膜，每畦种2垄，株距30～35厘米。种子需浸种、磕开后再播。或在3月初催芽点播于营养体内，至4月底(3～4叶1心时)移植于田间，并覆盖小拱棚，此法不需要间、定苗，待晚霜过后揭棚。直播田5月初间苗、定苗，月底揭棚。苦瓜是上架作物，当瓜秧开始爬蔓时，应及时搭架。架形以3米高的篱架为宜，也就是栽木桩拉铁丝，用绳子吊蔓。此时还需进行整枝打杈，摘掉主蔓上1米以下的叶腋侧芽或侧蔓，以防止侧蔓消耗过多营养妨碍主蔓正常生长。苦瓜耐肥不耐瘠，一生消耗水肥量大，除施足基肥，即每667米^{2}施入腐熟有机肥4 500～5 000千克、磷酸二铵40千克、尿素30千克、硫酸钾25千克外，在进入收瓜期后应7～10天浇1次水，隔1次水施1次肥，施尿素10～15千克、硫酸钾10千克、磷酸二铵15千克。苦瓜喜湿怕涝，灌水不能漫垄，地

块需排水良好。

苦瓜一般在6月底至7月初开始采收。开花后12～15天，果实条状或瘤状突起比较饱满，果皮转为有光泽，果实颜色变淡时采收。进入盛果期后，几乎每周采收1～2次。

十八、油麦菜种植技术

油麦菜又名莜麦菜，属菊科，是以嫩梢、嫩叶为产品的尖叶形叶用莴苣。叶片呈长披针形，色泽淡绿，质地脆嫩，口感极为鲜嫩、清香，具有独特风味。油麦菜种植应选择耐热、抗病、优质高产的品种。

夏播油麦菜适于6月下旬至7月上旬播种，每667米^{2}需播种子约50克，苗龄25～30天，7月下旬至8月初定植。秋播适宜7月底至8月上旬播种，每667米^{2}需播种40～50克。由于夏秋茬油麦菜育苗期正遇高温、干旱、多雨季节，为保苗齐、苗壮，播前最好采取浸种、催芽。先将种子用纱布包裹后浸在凉水中约1小时，然后捞起置于15℃～20℃条件下催芽，2～3天种子露白后即可播种。

油麦菜种植前应施足基肥，每667米^{2}施优质厩肥5 000千克、磷酸二铵40千克、尿素20千克、硫酸钾20千克或草木灰200～300千克。播种后，要在苗床畦上用2米或4米长的竹片搭建小拱棚，再在拱棚上面覆盖一层遮阳网或旧薄膜，以起到防雨降温的作用。整个生长发育期，保持田间湿润，土壤疏松。生长期间需结合喷水追施叶面肥2～3次，一般用0.2%磷酸二氢钾或0.2%～0.5%尿素溶液喷洒。

当油麦菜的叶片数达30～34片、株高25～35厘米时，即可采收。

十九、蕹菜种植技术

蕹菜又名空心菜、藤藤菜、蕹菜、通心菜、无心菜、瓮菜、空筒菜、竹叶菜。开白色喇叭状花，其梗中心是空的，故称“空心菜”。蕹菜食用部位为幼嫩的茎叶，可炒食或凉拌，做汤菜等同菠菜。它营养丰富，每 100 克蕹菜含钙 147 毫克，居叶菜首位，维生素 A 含量比番茄高出 4 倍，维生素 C 含量比番茄高出 17.5%。蕹菜采收期长，是夏季生长的叶菜。蕹菜适应性较强，耐热、耐贫瘠，不耐霜冻，遇霜冻则茎叶枯死，生长适温为 25℃～30℃，10℃以下生长停滞。

蕹菜生长速度快，分枝能力强，需肥水较多。蕹菜播种前宜施足基肥，一般每 667 米^2 施入腐熟有机肥 1 500～2 000 千克、草木灰 100 千克、三元复合肥 30 千克，充分与土壤混匀。

蕹菜露地直播、育苗移栽均可，播种期一般在 4 月中下旬。落地直播可采用条播或点播，行距 30～35 厘米，穴距 15～20 厘米，每穴点播 3～4 粒种子，播种后随即浇水，7 天左右即可出苗。也可密播，待苗高 17～20 厘米时间拔采收。播种后覆盖塑料薄膜增温、保湿，待幼苗出土后再把薄膜撤除。

蕹菜前期应及时中耕松土，提高地温。进入夏季，气温高，植株生长快，需肥需水量大，要勤浇水，浇大水(空气干燥，土壤水分不足，易导致蕹菜纤维增多，影响产量和品质)，并结合浇水进行追肥。秋季天气转凉，要及时中耕除草和追肥，并注意防治红蜘蛛等害虫。蕹菜采收期长，一般每次采收后都要结合浇水施肥，一般每 667 米^2 施硫酸铵 10 千克。

适时采收是空心菜高产、优质的关键。生产上，一般在苗高 20～30 厘米时即可采收。在进行第一、第二次采收时，茎基部要留足 2～3 个节，以利采收后新芽萌发，促发侧枝、争取高产。采收 3～4 次之后，应对植株进行 1 次重采，即茎基部只留 1～2 个节，

防止侧枝发生过多，导致生长纤弱缓慢。

二十、香菜种植技术

香菜是伞形科云姜属1年生或2年生草本植物，属耐寒性蔬菜，要求较冷凉湿润的环境条件，在高温干旱条件下生长不良。香菜属于低温、长日性植物。幼苗在2℃～5℃低温条件下，经过10～20天可完成春化。以后在长日照条件下，通过光周期而抽薹。香菜为浅根系蔬菜，吸收能力弱，所以对土壤水分和养分要求均较严格，保水保肥力强、有机质丰富的土壤最适宜生长。

香菜具有抗寒性强，生长期短，栽培容易等特性。从播种到收获；生育期60～90天，在我国各地不同的自然条件均可栽培。

香菜采用种子直播。华北地区在7～8月份播种，10月前收获，南方温暖地区于10～11月份播种，翌年春季收获。撒播、条播均可。播前先将果实搓磨一下，以利种子接触土壤，吸收水分，促进发芽。播时不宜灌水，经4～5天后再灌水，5～9天即可发芽。

香菜苗高5～8厘米时，进行间苗，株距10～15厘米，并每667米^{2}追施尿素10～15千克和灌水1～3次。

香菜苗高15～20厘米时即可采收食用。

二十一、西葫芦种植技术

西葫芦别名茭瓜、白瓜、番瓜、美洲南瓜、云南小瓜、菜瓜、荨瓜，为葫芦科南瓜属1年生草质藤本(蔓生)植物，有矮生、半蔓生、蔓生三大品系。西葫芦在炎热季节病毒病、白粉病严重，农家自留菜地种植西葫芦可选择露地早熟栽培和小拱棚栽培。

西葫芦早熟栽培多采用阳畦育苗，苗龄25～30天，生理苗龄3～4叶1心。苗床准备、浸种催芽、苗期管理技术与黄瓜相似，可参照进行，其主要区别：一是西葫芦幼苗生长快，根系发达，断根后缓苗慢，故苗龄宜小；二是叶片肥大，为防止拥挤土坨要大，以

10～12厘米见方为宜；三是为防止戴帽出土，覆土厚2厘米左右为宜；四是西葫芦幼茎易伸长，秧苗易徒长。因此，育苗期间应控制苗床温湿度，苗期尽量不浇水，或采用喷水方式补墒，白天温度保持20℃～25℃，夜温10℃左右。育苗后期应加强幼苗低温锻炼，防止幼苗徒长。

幼苗定植前，应提早10～15天将小拱棚覆盖薄膜，并密闭保温，促进土壤化冻和地温提高。最好选用防雾滴农膜，以提高棚膜透光率。定植田冬前应先秋耕，冬季冻垡、晒垡。翌春土壤化冻后，先铺施腐熟农家肥3～5米^3、磷酸二铵等复合肥20～30千克作基肥，后将土壤及时翻耕做畦。垄作或高畦栽培，并覆盖地膜，单行栽培，畦宽60厘米；双行栽培，畦宽100～110厘米。

当棚内夜间最低温度保持在5℃～7℃、10厘米地温稳定在8℃～10℃即可定植。长江中下游地区适宜定植期多在2月下旬至3月中旬。华北地区夜间棚外覆盖草苫时，定植期可以提早到2月下旬至3月上旬，夜间不覆盖草苫时定植期多在3月中下旬。在确保定植后幼苗不发生冷害的前提下，尽可能提早定植。春早熟栽培适宜定植密度一般为每667米^2 2 000～2 500株，株行距45～55厘米×50～60厘米。短蔓型西葫芦耐热性差，北方地区春早熟栽培常因后期遇夏季高温而使得其适宜生长期有限，为此适当加大栽培密度有利于提高早期产量、总产量和经济效益。选择晴好天气、中午定植有利于缓苗，用水稳苗法定植，以提高土壤温度。

西葫芦定植初期应注意增温保湿。小拱棚北侧可以设风障，必要时可在夜间覆盖草苫，并注意晚揭早盖；适当提高白天气温，定植至缓苗前，棚内温度低于30℃不宜通风。缓苗后，可适当通风，草苫可早揭晚盖，延长光照时间。但由于生长前期外界温度仍然较低，通风量不宜过大，适当提高棚内白天温度，有利于防止夜间温度低。进入盛瓜期后，外界温度和光照条件改善，棚内温度可保持白天 20℃～25℃、夜间 14℃～16℃。白天温度过高，易于诱发病毒病和白粉病等，并造成植株及早老化，生长势衰退较快。当外界夜间气温稳定在 14℃左右，便可撤除小拱棚棚膜。

小拱棚春早熟栽培不宜蹲苗，因为生长期外界气温较低，棚内温度变化幅度较大，尤其是夜温偏低，植株不易徒长。缓苗后应水肥紧跟，促进及早结瓜。缓苗时可轻浇水 1 次，并随水冲施尿素或硫酸钾每 667 米^{2}20 千克左右，促进缓苗发棵。第一雌花开放后 3～4 天，当瓜长 8～10 厘米时，植株生长即进入结瓜期，是加强肥水管理的标志。一般自根瓜坐住，每 5～7 天浇水 1 次，每 15 天每 667 米^2 追施三元复合肥 25～30 千克。

根瓜坐住前应及时摘除植株基部的少量侧枝。生长中后期，茎叶不断增加，但基部叶片离地面过近，光照弱，湿度大，易于成为病源中心。因此，当根瓜采收后应将这些基部叶片摘除。随着植株的生长，茎蔓因逐渐延长而倒伏，为保持田间叶片受光良好，应及时引蔓，让所有植株茎蔓沿垄畦按同一方向朝着前一棵植株基部延伸。如南北向做畦，生长点应朝向南方，有利于充分受光。

西葫芦单性结实能力差，尤其在生长前期温度较低、通风量较小时，依靠自然授粉难以保证田间坐果率，易于化瓜，可采取人工授粉。选择上午刚刚开放的雄花和雌花进行授粉，此时子房受精能力及花粉发芽力强，有利于提高结果率。注意授粉量需充足，花粉在柱头上涂抹均匀，否则易造成畸形瓜增多或坐果率下降。由于矮生型西葫芦雄花数量有限，进入结瓜盛期难以满足人工授粉需要，可用防落素植物等植物生长调节剂处理，使用浓度为 30～50 毫克/千克。处理时间在上午 9 时前后为好，处理方法是将药液涂抹在花柄或柱头或子房基部。无论将药液涂抹在哪个部位都应注意涂抹均匀，并防止使用浓度过大，否则易造成畸形瓜。此外，为防止涂抹柱头后诱发灰霉病，可在药液中添加 0.1%的 50%腐霉利可湿性粉剂。

一般定植后55～60天即可采收。前期早采收有利于后期多结瓜。

二十二、大白菜种植技术

(一)春白菜种植技术

春种大白菜的播种期非常重要。播种过早,外界气温过低,不利于发芽出苗和幼苗生长,使幼苗长时间处在低温下,反而有利于抽薹;播种过晚,后期温度过高,对结球不利。因此,应根据当时的气候条件,严格掌握播种期。原则是在日平均温度达到13℃的日期前15天,即为适宜的播种期。也就是说,播种后,大白菜在日平均温度13℃以下生长的时间不超过15天,就不容易发生未结球先抽薹现象。春种大白菜可选用春大将、春夏王、鲁春白一号、豫春一号品种。

为了改善田间小气候条件,提高地温,保持土壤湿度,有利于大白菜发芽、出土及幼苗生长,可采用下列方法播种:

第一步,开沟。在翻耕整好的宽1米的畦上开条深15厘米的沟。如果土壤墒情好,则可以不浇水;若土壤墒情差,应在沟内浇足底水。

第二步,撒籽。在沟内均匀撒播种子,使种子尽量稀一些。播种量要少于秋播用种量,但要注意均匀,使出苗后长到3～4片叶之前不必间苗,也不至于太密影响生长。撒籽后,在沟内覆盖1厘米厚的土,稍加拍打即可。

第三步,盖地膜。在畦的两边开浅沟,覆盖地膜,用土压实,注意四周要绷紧,使大白菜出苗后处于类似小拱棚的环境中。

为了避开外界低温的不良影响,有条件的可采用温室育苗的方法,也可采用阳畦育苗。温室育苗,温度可以人工控制,受外界温度影响较小,但定植以后仍然会受外界低温影响。因此,应根据定植期来确定播种期,不可盲目提早。如果播种过早,苗长到可以定植的大小时，外界温度仍然较低，定植后不仅影响生长，而且使大白菜经历一段时间的低温后早抽薹，所以一定要严格掌握播种期。在温室条件下，从播种到长至 5～6 片真叶时，需要 30 天左右。

阳畦育苗受外界温度影响较大，播种时期的确定除了考虑定植后会受到一段时间的低温影响外，还要考虑在阳畦育苗期间也会受到低温影响，这两个阶段处在 13℃以下的累计时间也不要超过 15 天。阳畦育苗，从播种到长至 5～6 片真叶需要 40 天左右。应根据这些因素来确定播种期。

对于开沟直播的大白菜来讲，出苗后经过一段时间的生长，幼苗就会显得太密，尤其是在播种量较大的情况下，这个问题会出现得更早。因此，这时需要进行一次间苗，可以选晴天中午，将地膜一侧揭开进行间苗，使株距在 5 厘米左右，间苗后，仍把地膜绷紧、压实。当苗长到上部叶缘接近地膜时，可在膜上扎孔放风，以防中午高温烤伤秧苗。经过 5～7 天的放风锻炼，苗达到 5～6 片叶时，可在中午将膜全部揭开，并进行定苗，株距因品种不同有所差异，一般在 25～30 厘米。定苗时，注意拔除病苗、弱苗和杂苗。

育苗移栽的大白菜在苗长到 5～6 片叶时，经过炼苗即可定植，定植密度与直播的相同，即株距 25～30 厘米，每畦 2 行。

在定苗和定植时，外界气温仍较低，浇定苗水或定植水时不可大水漫灌，以免降低地温。可小水轻浇，2～3 天后可再轻浇 1 次，然后中耕保墒，提高地温，促进生长。

进入莲座期后，除了每 667 米^2 施硫酸铵或尿素 10～15 千克外，应格外注意浇水方法，不宜过分蹲苗，抑制生长，因春季雨量少，天气较干燥，土壤蒸发量较大。在经过一定时间的蹲苗后，要及时浇水，并做好中耕保墒工作。

进入结球期，生长量加大，需肥量多，要及时施肥，每 667 米^2 追施 20 千克左右的尿素或硫酸铵，并及时浇水。这一时期，外界

气温不断升高，应避免高温高湿引起软腐病流行，因此应格外注意浇水技术，可在较凉爽的早晨或傍晚开沟浇水，切忌大水漫灌，一般每2～3天浇1次，这样既可满足结球对水分的需要，又可降低地温，同时还可避免软腐病的流行。

春播大白菜苗期处在低温条件下，病虫害较少，但也不能忽视，应注意观察，一旦发现隐患，要及时防治。生长后期，气温升高，有利于病虫害的发生，要特别注意预防。可每7天喷1次防病、杀虫农药，所用农药与秋播的相同。

(二)夏季大白菜种植技术

夏季大白菜早期播种应选择耐热、抗病、结球性好、生长期较短的品种，如夏优、夏阳、夏丰等；中后期播种应选择耐热、抗病、结球期耐低温、不裂球、耐运输的品种，如小杂55、小杂56、青杂5号等。

应选用前茬为非十字花科作物的田块栽培，清园后将土地深翻晒垡7～10天，然后将土地整平、耙细，每667米^{2}施有机肥300～400千克，或有机无机复混肥40～50千克。若前作出茬时间紧，土壤耕作困难，可使用免深耕土壤调理剂。夏大白菜生长期间气温高、雨水多，为便于排水采用高垄双行或高垄单行栽培，高垄双行一般畦宽80厘米，沟宽30～40厘米，垄高25～30厘米。单垄一般垄宽40～50厘米，沟宽30厘米，垄高40厘米。

条直播容易保全苗，但用种量略大，点播不易保全苗，但用种量少。点播的一般每667米^{2}用种量100～150克，株距30～35厘米，早期播种的生长期短的小型品种，每667米^{2}定苗4 000株左右；中后期播种的较大型品种，一般每667米^{2}定苗3 000株左右。最好采用中小棚覆盖遮阳网进行栽培，但要及时揭和盖，一般上午8～9时盖上，下午4～5时揭去，当小苗长到6～7片真叶，定苗后不需覆盖遮阳网。

夏大白菜的播种期正值炎热季节，为保证播种后苗全、苗齐、

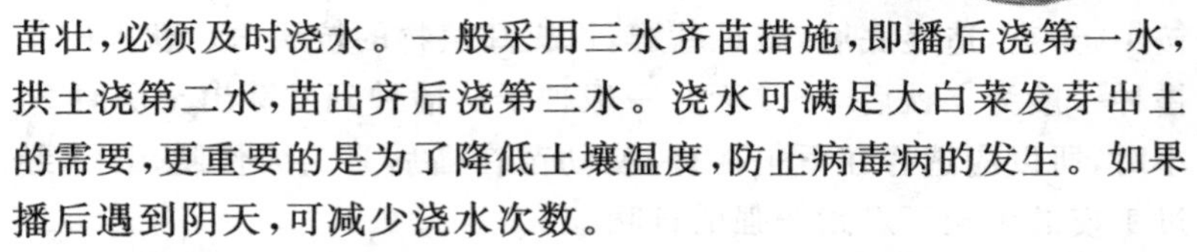

苗壮，必须及时浇水。一般采用三水齐苗措施，即播后浇第一水，拱土浇第二水，苗出齐后浇第三水。浇水可满足大白菜发芽出土的需要，更重要的是为了降低土壤温度，防止病毒病的发生。如果播后遇到阴天，可减少浇水次数。

夏大白菜从出苗至长出 5～6 片真叶为幼苗期。这时正处于高温干旱或炎热多雨的季节。其管理工作应贯彻五水定棵的原则，及时浇水，降低地温，保护幼苗根系正常生长，防止病毒病的感染。若雨水过多，就应及时排水，加强中耕散墒。为了保证全苗，可以经过 2 次间苗后再进行定苗。这样，既可避免幼苗过分拥挤，又可合理留苗，培育壮苗。间苗一般可在拉十字和 3～4 片真叶时进行，7～8 片真叶定苗。第二次定苗后每 667 米^2 应追施提苗肥 5 千克尿素。

夏季水分蒸发很快，应该保持田间土壤湿润，严防忽干忽湿，在高温干旱天气要注意经常浇水，一般在傍晚或清晨浇水为佳。雨后及时排除田间积水，以防根系受渍、烂根，导致病害严重。

夏季大白菜进入莲座期后管理适当浅锄，配合中耕去除杂草，同时注意浇水。在干旱的条件下，每隔 5～6 天就要浇水。配合浇水还要进行第二次和第三次追肥。第二次追肥在莲座初期进行，每 667 米^2 追施三元复合肥 15～20 千克，或追施熠昌生物海藻素冲施肥 20 千克。第三次追肥在莲座后期进行，每 667 米^2 追施磷酸二铵 15～20 千克。

夏季大白菜进入结球期的管理措施仍以浇水和追肥为中心。浇水时间可适当延长，每隔 8～9 天浇 1 次水，结球前期有条件的话，可再追施一些化肥。

(三)秋季大白菜种植技术

秋季大白菜选择抗病良种，高垄栽培。目前表现良好的耐病品种有北京新 3 号、北京中白 4 号、科丰 165、优抗 5 号、太原二青等。结合整地每 667 米^2 施腐熟农家肥 5 000～6 000 千克、磷酸二

铵10千克，造足底墒，施足基肥，可提高植物的抗病力。秋大白菜播种一般为立秋后3～5天。一般种子从播种到发芽出土历时24小时，所以应选择在下午播种，使幼苗在播后第二天傍晚出土，经过1夜的生长可忍耐较强的日晒。

大白菜苗出土3天后进行第一次间苗，使苗有间隔，4～5片叶时第二次间苗，每穴留2～3株。间苗应在下午进行。当叶片长到8～9片叶时，按株距大约50厘米进行定苗。如发生缺苗，应及时进行补栽。

结合间苗分别在定苗和莲座中期进行中耕除草，按照“头锄浅、二锄深、三锄不伤根”的原则进行，高垄栽培要遵循“深锄沟、浅锄背”的原则，结合中耕锄草进行培土，如莲座后期生长过旺，可进行蹲苗。

如基肥用量少，可在苗期追1次肥，用量为每667米^{2}施尿素10千克；在莲座期、结球始期和中期，各追1次肥，每667米^{2}施尿素15～20千克，结合喷施叶面肥0.1%～0.3%磷酸二氢钾和尿素的混合液（每667米^{2}用200～300克），每10天喷1次。浇水要结合追肥进行，结球前期土壤见干见湿，结球期要保持土壤湿润。

收获前10天用麦秸或稻草等材料将外叶扶起包住叶球，防止收获前霜冻损伤或机械损伤。中晚熟品种尽量延长生长期，但霜冻前必须收获。

大白菜病害主要有霜霉病、软腐病和病毒病，虫害主要有菜青虫、小菜蛾。防治方法如下。

霜霉病用75%百菌清可湿性粉剂500倍液，或60%锰锌·氟吗啉可湿性粉剂500倍液，喷雾防治。防治软腐病用70%敌磺钠可湿性粉剂500～800倍液浇灌病株及根部周围。及时防治蚜虫可减少传毒媒介，病毒病发病初期可用1.5%烷醇·硫酸铜乳剂或20%吗胍·乙酸铜可湿性粉剂800～1 000倍液喷雾。

菜青虫、小菜蛾可用0.5%苦参碱水剂500倍液，或1.8%阿

维菌素乳油 3 000 倍液喷雾防治。

二十三、花椰菜种植技术

(一)春花椰菜栽培技术

春季花椰菜一般 12 月份在小拱棚育苗,5 月份成熟。春季栽培应选择耐寒性强、适于春季生长的品种,如大地春花菜、一代金光春花菜 80 天、日本富士白 4 号、瑞士雪球(80 天)等。

播种育苗方法基本上同常规花椰菜育苗,但注意以下几点:要采用设施育苗,做好保温措施;播种时间为 11 月下旬至 12 月上旬;最好采用营养钵或穴盘直接播种,不需要分苗,减少移栽的缓苗期。

育苗床土以采用人工配制的营养土为宜,营养土一般由园土和有机肥组成,比例为 2∶1。园土以未种过蔬菜的为宜,这种土壤带病菌少;有机肥一定要充分腐熟。营养土中可加入少量的过磷酸钙或三元复合肥。酸性强的土壤,在床土中应加入适量的生石灰,以调整酸碱度;土壤过黏时可加入 15%左右的细沙,以改善通气性。配制育苗床土一定要打碎、过筛、混合均匀。人工配制的营养土,土壤结构好、肥沃、保水力强、通气性好,病原菌少,有利于培育壮苗。

一般 11 月下旬至 12 月上旬播种,大棚育苗越冬。各地可因地制宜选择适宜播种期,浙南早些,浙北迟些,如定植采用大棚等保护地栽培的,可提前播种时间。播种前畦面一定要整平,并来回踩一遍。苗床应充分灌水,使苗床 8~10 厘米土层达到饱和状态。地下水位较高和保水力强的黏土,灌水量可少些;地下水位低和保水力差的沙壤土,灌水量可大些。待苗床的水全部渗下后,先撒一薄层过筛细土,再将干种子均匀地撒播在畦面上。播后立即覆盖过筛细土,覆土厚度一般为种子厚度的 5 倍(约为 0.5 厘米),覆土厚度应均匀,每平方米播种量为 3~4 克。播后立即盖严塑料薄

膜，夜间盖好覆盖物，以保温保湿。

出苗前要加强保温措施，促使幼苗迅速出土，白天控制在20℃～25℃，夜间在10℃左右为宜。幼苗出齐后，及时覆一层厚度0.3～0.5厘米的细土，防止畦面龟裂和保墒。当幼苗子叶充分展开后，进行间苗，拔去拥挤的幼苗，然后再覆一层0.5厘米厚的细土，以利于幼苗根系生长，防止苗期发生猝倒病。当苗全部出齐后，要适当降低苗床的温度和湿度，防止幼苗徒长，白天控制在15℃～20℃，夜间在5℃左右。苗出齐后一定要注意通风降温，否则高温高湿环境易造成幼苗徒长，形成高脚苗，影响早熟高产。

第一片真叶展开至分苗，苗床内温度以控制在15℃～18℃为宜，不高于20℃，最低温控制在3℃～5℃。温度控制主要是通过覆盖物的晚揭早盖和通风实现的，使苗床温度处于幼苗生长的适宜范围内。晴天一般在上午10时至下午4时揭开覆盖物，随后开始通风。温度高时可适当早揭晚盖，通风也可早放晚关，甚至加大通风量；温度低（如阴天）和风大时适当晚揭早盖，通风量要小些。覆盖物的揭盖早晚、通风量的大小、通风时间的长短，应根据气温、风力大小和幼苗生长情况而定，要掌握从小到大、逐渐增加的原则。

分苗床一般采用冷床，床土仍以采用营养土为宜。分苗前将冷床用塑料薄膜盖严烤畦增温10～15天，夜间盖好覆盖物，以提高分苗床的地温。当幼苗长至3～4叶时进行分苗。分苗时按大小不同的幼苗分开，以后通过控大促小使幼苗生长一致。分苗的株行距为10厘米×10厘米。为防止分苗后大水漫灌造成地温下降，影响缓苗，可采用开沟贴苗法分苗，即按10厘米行距开沟，开沟后浇稳苗水，再按10厘米株距贴苗并覆土压根，填平后再进行下一行。待缓苗后再浇1次小水，然后中耕蹲苗。有条件的，可采用直径为10厘米的营养钵育苗的方法，营养钵育苗有利于根系的保护，移栽大田后缓苗快。分苗后要盖好塑料薄膜，夜间盖好覆盖

物,保温促进缓苗。直接播种在营养钵或穴盘中的,不需要分苗。

分苗前几天要加大通风量,以增强幼苗在分苗期间对外界不良环境的适应能力。为促进缓苗,分苗后 5～7 天内,要注意保温管理,提高苗床温度,但不能超过 30℃。缓苗后逐渐通风,适当降低温度,白天畦内温度不超过 20℃,夜间温度不低于 2℃。覆盖物要早揭晚盖,以增加幼苗的光照时间,以后逐渐增加通风量,使幼苗生长环境接近露地,防止幼苗徒长。

为增强幼苗定植后对低温和干燥的抵抗力,促进缓苗,在定植前 15 天应进行低温炼苗。通过逐渐加大通风量,使苗床温度和湿度下降,开始一般掌握在 5℃左右,以使幼苗不受冻为宜。先把冷床上边的薄膜揭开,夜间覆盖物不盖严,并逐渐撤去薄膜和覆盖物,使苗床温度逐渐接近外界气温,定植前 3 天完全撤去薄膜和覆盖物。幼苗长到 7～8 叶时即可定植,移栽前浇透起苗水。苗龄一般 60 天左右。

春花椰菜的适时定植很重要。定植过早,易造成先期显球,影响产量;定植过晚,成熟期推迟,形成花球时正处于高温,花球品质变劣。一般在日平均温度稳定在 6℃以上才适宜定植,在当地寒流过后开始回暖时,选晴天上午进行。露地栽培的定植期一般在 3 月中旬,地膜加小拱棚的可提前到 1 月下旬至 2 月上旬定植,3 月下旬撤掉小棚。定植密度因不同地区不同品种而不同,一般每 667 米^2 栽 3 500 株左右为宜。

定植地要翻耕冻垡,基肥每 667 米^2 施腐熟鸡粪 1 250 千克。定植前泼人粪尿 1 000 千克,撒蔬菜专用肥 50 千克。做成深沟高畦,畦宽 1.3～1.5 米,地整好后在畦面按行距划沟(沟深 2 厘米)。定植后浇足底水。如果采用地膜覆盖栽培,应于定植前 8 天左右在畦上覆盖地膜,以提高地温。

早春定植时气温较低且不稳定,甚至还会有寒流的影响。为促进缓苗,定植后要闷棚 3～5 天,待幼苗恢复生长后开始通风,通

风量由小到大，使棚内温度白天在15℃～20℃，夜间在5℃～10℃。定植15天后进一步加大通风量，夜间也不盖严通风口，一般3月下旬左右撤去棚膜。定植后及时通风控温和适时撤棚是春花椰菜保护地早熟栽培的关键。

棚内水分蒸发量不大，不必急于浇缓苗水。幼苗开始恢复生长时及时中耕，以提高地温，促进根系发育。撤膜前1～2天选晴天上午中耕浇水，水量要少，以畦面不存水为度；中耕深度3～4厘米，近苗周围划破地皮即可。当植株心叶开始旋扭时，每667米^{2}施尿素10～15千克和适量的钾肥或草木灰，促进花球形成。现球后在株间打洞，每667米^{2}施尿素25千克，有条件的可每5～7天浇1次水，直至收获。

在花球横径5厘米左右(鸡蛋大)时，把靠近花球的外叶折断，覆盖花球，以避免阳光直射，保持花球洁白；当覆盖叶萎蔫发黄后，应及时更换。洁白的花球充分长大还未松散时，是采收的最佳时期。

花椰菜的主要病虫害有霜霉病、黑腐病、软腐病、小菜蛾和菜青虫等，防治方法如下。

霜霉病：用75%百菌清可湿性粉剂500倍液，或72%霜脲·锰锌可湿性粉剂600～800倍液喷雾防治。

黑腐病：用50%多菌灵可湿性粉剂1 000倍液，或47%春雷·王铜可湿性粉剂800倍液喷雾防治。

菜青虫：可选用2.5%多杀霉素悬浮剂1 000～1 500倍液，或5%氟虫腈悬浮剂2 500倍液，或10%虫螨腈悬浮剂2 000～2 500倍液，或2.5%溴氰菊酯乳油3000倍液，或52.25%氯氰·毒死蜱乳油1 000倍液等喷雾。

小菜蛾：可选用20%灭幼脲悬浮剂1 000～2 000倍液，或40%毒死蜱乳油1 500倍液，或2.5%溴氰菊酯乳油3 000～4 000倍液，或40%氰戊·马拉松乳油2 000～3 000倍液，或50%辛硫

磷乳油 1 000 倍液，或 5%氟啶脲乳油 3 000 倍液喷雾防治。

(二)秋花椰菜栽培技术

秋花椰菜品种可选择郑州市蔬菜研究所的秋雪 60、秋雪 50、秋雪 45，天津市蔬菜研究所的新白峰、夏雪 40、龙峰、神龙系列等秋花椰菜品种。

适时播种，郑州地区一般在 6 月下旬至 7 月上旬播种，选择易排易灌、地势高且平坦的地块做苗床，20～25 米^2 的苗床施入过筛腐熟农家肥 30～50 千克充分与土混匀，表面铺 2～3 厘米厚的过筛细园土，再撒施 1 千克磷酸二氢钾，浇足底水。用浓度为 20%的 50%福美双可湿性粉剂和浓度为 20%的 50%多菌灵可湿性粉剂拌种，种与药的比例为 1∶0.4，用草苫覆盖以保湿。苗期注意及时防治蚜虫和菜青虫。水分管理要做到地块见干见湿，不蹲苗，及早间苗，露心时即可间苗，4～6 片叶时定植，每 667 米^2 定植 2 800～ 3 000株。

定植前整好垄，垄间距为 110 厘米。定植地块要求土壤肥沃，能灌能排，施足基肥，每 667 米^2 施腐熟的农家肥 4 000～5 000 千克。定植时间选择下午或阴天无风时进行，浇透苗床切块定植，土块要完整不能伤根太多，伤根多容易引起及早出球，球很小时便散球影响产量和经济效益。定植时选择植株较大、茎节间粗而短、叶面积大的健壮苗，株行距 50～55 厘米×55 厘米，定植在垄上的 1/2 处为宜。

定植后浇透水，2 天后浇 1 次缓苗水。秋花椰菜一般不蹲苗，整个生育期以促为主。秋花椰菜要求湿润的环境，结合中耕进行浇水追肥，及时封垄，清除田间杂草，每 667 米^2 追施 50 千克碳酸氢铵。在花球膨大期间，必须保持湿润的环境，每 2～3 天浇 1 次粪水，间隔浇 1 次水。每 667 米^2 可追施 15 千克磷酸二氢钾，根外喷施 0.2%～0.5%硼肥能够减少花球内部开裂。花球一定大小可折叶覆盖，这样花球洁白紧实而不黄。晚秋若遇低温可用废旧

薄膜覆盖，以防花球出现紫花、毛花、夹叶现象，影响花球商品性。

采收的标准是花球充分长大，色洁白，表面平整，边缘尚未开散，采收时带几片嫩叶，以保花球的新鲜，减少磨损。

病害主要有病毒病、霜霉病和黑腐病，发现病株及时喷药，50%福美锌可湿性粉剂 500 倍液，或硫酸链霉素·土霉素可湿性粉剂 4 000 倍液，或 72%硫酸链霉素可溶性粉剂 3 000 倍液，或 50%硫菌灵可湿性粉剂 800 倍液，或 25%甲霜灵可湿性粉剂 500～600 倍液。

菜青虫、小菜蛾、甘蓝夜蛾、斜纹夜蛾，可用 5%氟虫腈悬浮剂 2 500 倍液，或苏云金杆菌乳剂 250 倍液，交替使用防治，每周喷洒 1 次。

(三)越冬花椰菜栽培技术

20 世纪 80 年代，河南省农业科学院、郑州市蔬菜研究所相继开展了越冬花椰菜的育种工作，并选育出了系列品种，广泛推广应用。如河南省农业科学院的冬花 240、郑州市蔬菜研究所的越冬菜花 1、2、3 号等系列品种在黄河流域各省广泛推广应用。

花椰菜喜欢温暖、湿润的环境，适应在土壤肥沃的土地中生长。黏土地的特点是保水、保肥能力强，土表面易干裂，土壤见干裂就浇水易造成土壤板结。越冬花椰菜的株行距大，地表土壤板结，易造成花椰菜根系萎缩，限制了幼苗的生长发育。花椰菜苗生长缓慢，在越冬前长不到一定的植株体，越冬时容易冻伤，甚至冻死，翌年现球时球小易散，容易长毛。

7 月底、8 月初选择适宜的品种苗畦育苗。郑州市蔬菜研究所的冬花 1 号生育期 220 天、2 号生育期 240 天、3 号生育期 260 天，河南省农业科学院的冬花 240 生育期是 240 天，农民可以根据自己的农事安排选择适宜的品种。苗畦土要多掺些农家肥，播后遮阴 2～3 天，注意覆盖物及早揭开防止徒长，苗期防暴雨，防虫害。

8 月底 9 月初选择在下午或阴天将适龄的壮苗定植在平畦或

高畦。定植时有条件的要采用点浇或小水浇，但要浇透。

定植后 2～3 天将地锄 1 遍，要锄细、锄全，不要留空地。2 天后再锄 1 遍。

不旱不浇，注意蹲苗。黏土地一般在定植后的 10～15 天内浇 1 次水。如果下雨，天晴后及时锄地。浇水后 2～4 天将地锄 1 次，要锄细锄全，等 2～3 天后再锄 1 遍。

花椰菜苗长到 10～12 片叶时追 1 次肥，一般选择碳酸氢铵，每 667 米^2 施 50 千克，挖坑埯施，然后浇水。浇后 2～4 天将地锄 1 次并封垄护根。

11 月中下旬浇 1 次封冻水，冬季管理时不是特别旱不浇水。翌年春季浇 1 次返青水。花椰菜植株体返青后，要肥水并进，促进植株现球和球体膨大。

病害主要有病毒病、霜霉病和黑腐病，发现病株及时喷药。病毒病可用 65%代森锌可湿性粉剂或 50%福美锌可湿性粉剂 500 倍液防治，用 72%硫酸链霉素可溶性粉剂 3 000 倍液连续喷洒 2 次可预防黑腐病。

菜青虫、小菜蛾、甘蓝夜蛾、斜纹夜蛾主要用 5%氟虫腈悬浮剂 2 500 倍液，或苏云金杆菌乳剂 250 倍液，或 20%氰戊菊酯乳油 2 000 倍液，或 20%甲氰菊酯乳油 2 000～3 000 倍液，或 2.5%溴氰菊酯乳油 3 000 倍液交替使用防治，每周喷洒 1 次。

适时采收，见球时用老叶遮盖防止球体晒黄，球一定大小及时采收上市。

二十四、莴苣种植技术

莴苣为菊科莴苣属 1～2 年生草本植物。农家自留菜地莴苣种植需要育苗移栽，一般于 10 月初开始播种育苗，秋冬季露地越冬，或采用小拱棚或中棚种植，春季收获。使用育苗盘或小片自留地进行播种，将种子均匀地撒在湿润的苗床上，轻搂 1 次，然后用

喷壶喷透水，盖1～1.5厘米厚细土。出苗前保持土壤湿润，齐苗后1～2片真叶时间苗1次，保持苗间距3～4厘米。适当控制浇水，培育壮苗。苗期过干要喷水，但水分不宜过大，定植前停止浇水，5片真叶定植。

莴苣种植可采用宽2～2.2米畦种植，种植前每667米^{2}施腐熟农家肥3000千克、碳酸氢铵10千克、过磷酸钙50千克作基肥。

莴苣苗龄30～40天、5叶期定植，行株距20厘米×15厘米。

采用小拱棚或中棚的应在11月20日左右种植，寒流来临前上膜。若上棚膜过早，易使莴苣肉质茎形成空心或造成徒长，植株抗寒性下降。

定植后要加强田间管理，注意适温管理，追施肥水，防冻保苗。

冬前对莴苣管理主要是控上促下，即控制上部生长，促进根部生长。一般莴苣在定植至收获追肥3次。第一次在定植成活后，每667米^{2}施碳酸氢铵20千克，以利根系和叶片生长；第二次在进入莲座期茎开始膨大时，应及时重施膨大肥，每667米^{2}施尿素30千克，以利茎的膨大，此时若脱肥，茎易变老而纤细；第三次追肥在开春暖和时，采收前25天，每667米^{2}施碳酸氢铵40千克加500千克稀粪水，随灌溉淌入田中。此时白天要注意两头放风，以防氨气中毒。

每次追肥均要结合浇水。平时要保持土壤湿润，不能太干。总的要求是前期要少浇水、少追肥，以控为主，促进根系生长；中后期随着茎的膨大，应适当加大肥水，促进地上部生长。

开春封垄前及时中耕除草1～2次。中耕配合施有机肥，有利于促进根系伸展。

3月底至4月初，莴苣根茎膨大后及时采收。

二十五、木耳菜种植技术

木耳菜属落葵科1年生藤蔓植物，其叶片肥厚，富有弹性，口

感好，滑溜味美，酷似木耳，因此得名木耳菜。

直播采食幼苗的，每 667 米^2 用种 6～8 千克，撒播。为便于出苗，种子可于播前浸泡 1～2 天，在 30℃条件下催芽。播后 40 天左右苗高 10～15 厘米即可采收。

做好苗床，播干籽。在 28℃左右适温下 3～5 天即可出苗，如地温偏低应催芽后播种。苗期适当控制低温，4～5 片真叶时定植。采收嫩梢的行距 20～25 厘米、株距 15～20 厘米；搭架采收嫩叶的行距 60 厘米、株距 25～35 厘米，每 667 米^2 保苗 3 000～4 000 株。

宜选用优质、高产、抗病的红梗木耳菜、青梗木耳菜等优良木耳菜品种。

在苗高 30～35 厘米时留基部 3～4 片叶，收割嫩头梢，留 2 个健壮侧芽成梢。收割二道梢时，留 2～4 个侧芽成梢，在生长旺盛期，每株有 5～8 个健壮侧芽成梢，到中后期要及时抹去花茎幼蕾，后期生长衰弱，留 1～2 个健壮侧梢，以利叶片肥大。以采食叶片为目的的要搭架栽培，在苗高 30 厘米左右时，搭"人"字形架引蔓上架，除留主蔓外，再在基部留 2 条健壮侧蔓组成骨干蔓，骨干蔓长到架顶时摘心，摘心后再从各骨干蔓留一健壮侧芽。骨干蔓在叶采完后剪下架。上架时及每次采收后都要培土，也可以不整枝搭架，采收嫩梢。

直播出苗后或移栽定植缓苗后及生长期间，要及时中耕除草，防止杂草争夺养分。

基肥以农家腐熟堆厩肥、畜禽肥为好，追肥以腐熟人畜粪肥或尿素溶水施用。出苗后，要保持土壤湿润，适时浇水。每次采收后每 667 米^2 要及时追施人粪尿 300 千克或尿素 10 千克，雨季还应及时排水防涝。

木耳菜常发生的病害是褐斑病，发生初期可喷 72%霜脲·锰锌可湿性粉剂 500～600 倍液，或 68.75%噁酮·锰锌可分散性粒

剂 800～1 000 倍液防治。若发生斜纹夜蛾危害，发现较多嫩叶尖有小眼，可用菊酯类杀虫剂在害虫一至二龄时喷洒 1 次。连作木耳菜也可能发生根结线虫病，实行换茬轮作可减少或避免该病的发生。

直播的有 4～5 片真叶时即可陆续间拔幼苗食用。以采嫩梢为主的，当苗高 30～35 厘米时基部留 2 片真叶用剪刀剪下，萌发的侧枝有 5～6 片真叶时再按上法采收。以采嫩叶为主的前期 15～20 天采收 1 次，生长中期 10～15 天采收 1 次，后期 7～10 天采收 1 次，采收的叶片应充分展开但尚未变老，叶片肥厚。一般每 667 米^2 产嫩梢（叶片）2 000～4 000 千克。

二十六、小茴香种植技术

小茴香为伞形科 1～2 年生草本植物。种植小茴香选适宜的土地，每 667 米^2 施优质厩肥 3 000 千克，深耕 30 厘米以上，耙平整细，做 80 厘米宽平畦，地干时应先向畦内放水，待水渗下表土稍松散时播种。

春分至清明期间播种，播前应选饱满的新种子，用 40℃温水浸泡 1～2 小时，捞出后包于纱布袋中，放在温暖处，每天用温水冲洗 2 次，等种子稍有萌动时即可播种。在畦内按行距 40 厘米开 3～5 厘米深的沟，将种子均匀撒入，覆土搂平稍压。播后一般 10～15 天出苗，每公顷用种量 22.5～30 千克，育苗移栽产量高。

出苗后，视旱情适当浇水，保持幼苗期畦面湿润。结合中耕除草，苗高 6～8 厘米时，按株距 9 厘米间苗，苗高 15 厘米以上时，按株距 20 厘米定苗。苗高 30 厘米时进行追肥，以速效有机肥为主，增施过磷酸钙。天旱时浇水，雨季要及时排涝，以防烂根。在晋南地区当年收获后，根部盖一层牛马粪或土杂粪能安全越冬，第二年发芽早，生长旺，产量较高。

二十七、荠菜种植技术

荠菜为十字花科植物，有野生和人工栽培的两种生产方式。人工栽培有露地栽培和保护地栽培。露地栽培在长江、黄淮地区春秋两季均可进行，一般以秋播为主。从7月下旬至10月份可陆续播种，9月中旬至翌年3月份收获结束，但以8月份播种的产量最高。过早播种，天气炎热干旱，暴雨多，出苗困难，要采用遮阳网覆盖。过迟播种，幼苗2～3片真叶时遇寒流，易受冻害。

荠菜栽培要选择土地肥沃、杂草极少的地块。耕翻土地不宜太深，畦面一定要整平、整细，土块切勿过粗，以防种子漏入深处，不易出苗。要做到深沟高畦，排灌方便。

春季栽培于2月下旬至4月下旬播种，夏季栽培7月上旬至8月下旬播种，秋季栽培9月上旬至10月上旬播种。播种量春季每667米^2 0.75～1千克，夏播每667米^2 1.5～2千克，秋播每667米^2 1～1.5千克。播种前，种子与干细土按1∶2～3拌匀，以撒播为主，力求均匀。播后用脚轻轻将畦面踏一遍，使种子与泥土紧密接触，然后浇足水。春、秋播种采用地膜覆盖，夏季播种采用遮阳网覆盖，以利出苗整齐。出苗后将地膜或遮阳网揭掉，但要保持畦面湿润，促进生长。

一般秋播后3～4天出苗，春播的6～15天出苗。当幼苗2片真叶时，进行第一次追肥，每667米^{2}施0.3%尿素液1 000千克，第二次追肥于收获前7～10天进行，以后每收获1次追肥1次。

霜霉病与蚜虫是荠菜的主要病虫害，要采用综合防治。一是清沟理墒，防止田间积水，及时拔除杂草，使植株通风透光；二是用75%百菌清可湿性粉剂600倍液，或72%霜脲·锰锌可湿性粉剂600～800倍液，喷雾防治霜霉病。蚜虫防治可用吡虫啉或菊酯类农药。

二十八、韭菜种植技术

韭菜属百合科多年生草本植物。栽培韭菜可用干籽直播(春播为主),也可用30℃～40℃温水浸种8～12小时,清除杂质和瘪籽,将种子上的黏液洗净后用湿布包好,放在15℃～20℃环境中催芽,每天用清水冲洗1～2次,50%的种子露白尖时播种(夏、秋播为主)。

播前结合施肥将土壤深耕20厘米以下。耕后细耙,整平做畦,有条件的地方可起高垄栽培,以便于排水,也可以平畦栽培。结合整地,每667米^{2}撒施优质腐熟有机肥5 000～6 000千克、尿素6千克、过磷酸钙10千克。

在土壤解冻后到秋分均可随时播种,一般以3月下旬至5月上旬的春季播种为宜,夏季播种宜早不宜迟。每667米^{2}需种4～5千克。露地育苗移栽1.5～2千克。播种前,先将畦表面土起出一部分(过筛,以备播种覆土用),然后浅锄搂平,先浇1次底水,约3.3厘米深,待水渗下后再浇3.3厘米左右深的水。待水渗下后将种子均匀撒下,然后覆土1.5厘米左右,翌日用齿耙搂平,保持表土既疏松又湿润,有利于种子发芽出土。播后用地膜覆盖保墒,待有30%以上的种子出苗后,及时揭去地膜,以防灼苗,发现露白倒伏的,要再补些湿润的土。

也有采用干播法的。干播法即用没有催芽的干种子直播于苗床。在整理好的苗床上按行距10厘米开成宽10厘米、深1.6厘米左右的小浅沟,将种子撒入沟内,然后用扫帚轻轻地将沟扫平、压实土,随即浇1次水,2～3天后再浇1次水。在种子出土前后,要一直保持土壤处于湿润状态。

结合浇水追施速效氮肥2～3次,每667米^{2}追施尿素6～8千克,定植前一般不收割,以促进韭苗养根,到定植时要达到壮苗标准。一般苗龄80～90天,苗高15～20厘米,单株无病虫,无倒伏现象即为壮苗。出苗后及时人工拔草，清除病残植株。春播苗应在夏至后定植，夏播苗应在大暑前后定植。定植时要错开高湿季节，因此时不利于定植后韭菜缓苗生长。定植方法是，将韭菜起苗，剪短须根（只留 2～3 厘米），剪短叶尖（留叶长 10 厘米）。在畦内按行距 18～20 厘米、穴距 10 厘米栽植，每穴栽苗 7～10 株。

棚室密闭后，保持白天 20℃～24℃，夜间 12℃～14℃。株高长到 10 厘米以上时，白天保持 16℃～20℃，棚内温度超过 24℃要放风降温。冬季小拱棚栽培应加强保温，夜间保持在 6℃以上。

定植后，当新根新叶出现时，即可追肥浇水，每 667 米^2 随水追施尿素 10～15 千克。幼苗 4 叶期，要控水防徒长，并加强中耕、除草。当长到 6 叶期开始分蘖时出现跳根现象（分蘖的根状茎在原根状茎的上部），可以进行盖沙、压土或扶垄培土，以免根系露出土面。当苗高 20 厘米时，停止追肥浇水，以备收割。每收割 1 次追 1 次肥，收割后株高长至 10 厘米时，结合培土，施速效氮肥，每 667 米^2 追施尿素 8 千克。天气转凉，应停止浇水，但封冻前要浇 1 次封冻水。

按照“预防为主，综合防治”的方针，坚持以“农业防治、物理防治、生物防治为主，化学防治为辅”的无害化防治原则，不得施用国家明令禁止的高毒、高残留、高三致（致畸、致癌、致突变）农药及其混配农药。加强中耕除草，清洁田园，加强肥水管理，提高抗逆能力。利用糖酒醋液诱杀成虫，将糖、酒、醋、水、90％敌百虫晶体按 3∶3∶1∶10∶0.5 的比例制作溶液，每 667 米^2 放 1～3 盒，随时添加，保持不干，诱杀各种蝇类害虫。

韭蛆：成虫盛发期，顺垄撒施 2.5％敌百虫粉剂，每 667 米^2 撒施 2～2.6 千克，或在上午 9～11 时喷洒 40％辛硫磷乳油 1 000 倍液，也可用浇水的方法促使害虫上行后每 667 米^2 喷 75％灭蝇胺可湿性粉剂 6～10 克。幼蝇危害始盛期（早春在 4 月上中旬、晚秋在 10 月上中旬）进行药剂灌根防治。每 667 米^2 用 1.1％苦参碱

粉剂 500 倍液，或 50%辛硫磷乳油 500 倍液，或 48%毒死蜱乳油 2 000～2 500 倍液，灌根 1 次。灌根方法：扒开韭菜根茎附近表土，用去掉喷头的喷雾器对准韭菜根部喷药即可，喷后随即覆土。

潜叶蝇：在产卵盛期至幼虫孵化初期，喷 75%灭蝇胺可湿性粉剂 5 000～7 000 倍液，或选用 2.5%溴氰菊酯乳油、20%氰戊菊酯乳油 1 500～2 000 倍液喷雾。

蓟马：在幼虫发生盛期，喷 50%辛硫磷乳油 1 000 倍液，或 10%吡虫啉可湿性粉剂 4 000 倍液，或 3%啶虫脒乳油 3 000 倍液，或 2.5%溴氰菊酯乳油 1 500～2 000 倍液。

灰霉病：每 667 米^2 用 45%百菌清或异菌脲烟剂 110 克，或 10%腐霉利烟剂 260～300 克，分放 5～6 处，于傍晚点燃，关闭棚室熏 1 夜。每 667 米^2 用 6.5%乙霉威粉尘剂 1 千克，每隔 7 天喷 1 次，连喷 2 次。用 50%腐霉利可湿性粉剂 1 000 倍液，或异菌脲可湿性粉剂 1 000～1 600 倍液，或 65%甲硫·乙霉威可湿性粉剂 1 000 倍液喷雾，每隔 7 天喷 1 次，连喷 2 次。

疫病：发病初期喷施 25%甲霜灵可湿性粉剂 750 倍液，或 50%琥铜·甲霜灵可湿性粉剂 600 倍液，或 72%霜脲·锰锌可湿性粉剂 600 倍液，或 60%琥铜·乙膦铝可湿性粉剂 600 倍液灌根或喷雾，10 天喷(灌)1 次，交替使用 2～3 次。

锈病：发病初期用 15%三唑酮可湿性粉剂 1 000～1 500 倍液，或 25%丙环唑乳油 3 000 倍液，10 天左右 1 次，连喷 2 次，也可用烯唑醇、三唑醇等防治。

定植当年着重"养根壮秧"不收割，如有韭菜花要及时摘除。当韭菜长到高 25 厘米左右时即可收割。选晴天的早晨收割，收割时刀距地面 2～4 厘米，以割口呈黄色为宜，割口应整齐一致，一般每 20～25 天收割 1 茬。在收割的过程中所用工具要清洁、卫生、无污染。

二十九、菠菜种植技术

菠菜，藜科菠菜属，1年生或2年生草本植物。种植冬菠菜应选用刺籽菠菜或尖叶菠菜等耐寒品种。其种植技术如下。

菠菜田应选择土质肥沃、保温保水性好的地块。耕翻前每667米^{2}施优质农家肥5～6米^3，复混肥40千克。要精耕细耙，平整造畦。整地时要留好间距适中的御寒风障。

越冬菠菜在停止生长前，植株达到5～6片叶时才有较强的耐寒力。因此，当日平均温度降到17℃～19℃时最适合播种。方法是：先将种子用35℃温水浸泡12小时，捞出晾干，撒播或条播，播后覆土踩踏洒水。然后，用药拌毒谷撒于地表，防止蝼蛄等地下害虫危害幼苗。

菠菜发芽出土后，要进行1次浅锄松土，以起到除草保墒作用。当植株长出3～4片叶时，要保持土壤湿润，并酌情追肥；当植株长出5～6片叶、即将停止生长时，要及时浇封冻水，浇水时机应掌握在土表昼化夜冻。浇封冻水最好用粪水，有利于菠菜早期加速生长。

三十、冬瓜种植技术

冬瓜为葫芦科1年生草本植物。家庭自留菜地种植冬瓜一般要选择植株生长势好、分枝能力较差、抗日灼能力强、大果型、有蜡粉的中晚熟品种，如北京地冬瓜、粉皮冬瓜。一般不选青皮冬瓜，因其抗日灼能力差，不适宜爬地栽培。

选择地势较高、排水良好、土壤疏松的地块栽培。栽培畦一般由定植畦和爬蔓畦两部分构成，二者间隔排列。做畦方法通常有以下2种。

单向畦方法：畦宽83厘米，南北两畦并列为1组，北畦为栽培畦，南畦为爬蔓畦，北畦较高，逐渐向南畦倾斜，可挡北风防寒。在

栽培畦中线处开沟条施基肥，在基肥上定植1行冬瓜，冬瓜向南延伸爬蔓。

双向畦方法：按东西延长方向做成1.3～1.5米宽的栽培畦，在其南北两旁各做1个平行的爬蔓畦，畦宽83厘米。在栽培畦中线处开沟条施基肥，在基肥上定植2行冬瓜，冬瓜南行向南延伸，北行向北延伸。

定植时间在当地春季晚霜过后，定植深度以埋没瓜苗土坨为宜，方法分为普通栽法和水稳苗法2种。

普通栽法：在栽培畦内，按长、宽均为60～66厘米挖定植穴，将苗轻轻放入穴内，盖土埋没土坨，然后浇定植水。

水稳苗法：在栽培畦内先开出1条深13～16厘米、宽20厘米的浅沟，往沟内浇水，待水渗下一半时，将苗摆放入沟内，待水完全渗下后用土封沟。

爬地冬瓜肥水管理重点在栽培畦，浇水和施肥可结合进行；爬蔓畦一般不特别进行浇水和追肥，可根据间作套种作物的要求进行。瓜蔓生长前期，在幼苗前方开1个20厘米深的沟，在沟内撒施农家肥，每沟10千克，然后灌溉，待水渗下后再施化肥，每沟施硝酸磷钾肥1千克；茎蔓布满栽培畦后，不再开沟浇水施肥，可根据墒情浇水，并随水施化肥、稀粪肥，旱季一般5～10天浇水1次，雨季不浇水，并要注意排水防涝。

浇过定植水后进行中耕，中耕以不松动幼苗根部为原则，中耕时适当在幼苗基部培成半圆形土堆。墒情好时，可进行2～3次中耕后再浇水。

当茎蔓伸长到60～70厘米长时，要盘条、压蔓。方法是：沿着每棵秧根部北侧开1条半圆形的浅沟，沟深6～7厘米，将蔓向北盘入沟内，埋上土压实。压蔓时注意使茎先端的2～3片小叶露出地面，不要把生长点埋入土内。当茎蔓再向前伸长60～70厘米时，用同样的方法在南侧开浅沟，进行第二次盘条、压蔓。每4～5

个叶节压蔓1次，整个生长期可压3～4次。注意将多余的侧蔓、卷须、雄花摘除干净。生长势旺的植株，压蔓可以深些，可将茎拧劈压入土中；长势弱的植株压蔓可以浅些，节位距离应远些，不宜接近果实(最好与果实隔一两个节位)，更不宜将雌花的节位压入土中。对发出的侧枝，生产上采取有空间则保留、无空间则掐掉的原则。

以第二至第五朵雌花坐的瓜为好，选留品种特征好、形状正常、发育快、果型大、茸毛多的幼瓜。当幼瓜坐住后“弯脖”，单瓜重0.3～0.5千克时即可定瓜，选留1个或2个发育最快、个最大、最壮实的果实，其余果实全部摘除。

翻瓜时要小心谨慎，每次轻轻翻动约1/4，翻转时瓜要与瓜柄、瓜蔓相配合，不要弄断茎叶，一般每隔5～8天翻1次，时间以晴天为宜。为防止造成瓜腐烂，每个瓜下铺垫1个草垫，草垫以用麦秸、稻草等做成的为好。

常见病害有猝倒病、疫病、枯萎病、炭疽病、霜霉病、病毒病和白粉病等，其防治方法如下。

猝倒病：选择前茬未种过瓜类作物的地块做育苗床，床土要尽早翻晒，施用的有机肥要腐熟，床面要平，无大土粒，播种前早覆盖，将床温提高到20℃以上。幼苗发病时，要用铜铵合剂(即用硫酸铜1份、碳酸氢铵2份，磨成粉末后混合，放在密闭容器内封存24小时)防治，每次取出铜铵合剂50克对清水12.5升，喷洒床面。

疫病：可喷施72%霜脲·锰锌可湿性粉剂或69%烯酰·锰锌可湿性粉剂900倍液防治。

枯萎病：可喷施50%硫磺·甲硫灵悬浮剂500倍液，或70%代森锰锌可湿性粉剂500倍液防治。

炭疽病：可喷施50%多菌灵可湿性粉剂800倍液，或2%嘧啶核苷类抗菌素水剂200倍液防治。

霜霉病：可喷施58%甲霜·锰锌可湿性粉剂500倍液，或40%三乙膦酸铝可湿性粉剂200倍液，或25%甲霜灵可湿性粉剂1 500倍液，每6～7天喷1次，连喷2～3次防治。

病毒病：可用20%吗胍·乙酸铜可湿性粉剂600倍液，或1.5%烷醇·硫酸铜乳剂1 000倍液防治。

白粉病：可喷施15%三唑酮可湿性粉剂或20%三唑酮乳油2 000～3 000倍液，每隔7～10天喷1次，连喷2～3次防治。

当果实充分发育，长到一定大小时就可根据市场行情随时收获，过早收获则产量较低，贮藏用的果实一定要达到生理成熟标准采收。

三十一、黄心乌菜种植技术

黄心乌菜也叫乌塌菜，为十字花科1～2年生草本植物。黄心乌菜比较耐寒，不耐热，在郑州地区能够安全越冬。黄心乌菜系半塌地类型品种，外叶呈暗绿色，叶面有均匀的瘤状皱缩。心叶成熟时变黄，呈圆柱形紧抱，柔嫩多汁，质脆味甘，特别适宜冬季及元旦、春节期间食用，是百姓比较喜欢的蔬菜之一。

郑州地区9月底至11月上旬均可种植。一般选用平畦种植，可以直播，也可育苗移栽。直播选择排水良好、未种过十字花科蔬菜的壤土地块，深翻后做成平畦。播前畦中灌足底水，待水渗下后，将用清水浸泡1小时的种子，掺拌过筛细煤渣灰，均匀撒播，每平方米播种1～1.5克，播后覆土1厘米厚。黄心乌菜播后2～3天即可出苗，具1～2片真叶时第一次间苗，苗距3厘米左右。具3～4片真叶时第二次间苗，苗距5厘米左右。每次间苗后，都要结合浇水施肥，每667米^{2}追施尿素15千克。具5～6片真叶时定苗，株行距为15～20厘米×15～20厘米。黄心乌菜育苗移栽的播种方法同直播田，一般苗龄25～30天，具5～6片真叶时即可移栽。移栽前育苗畦须浇透水，以利拔苗。

育苗移栽选择土质疏松、夏季空闲的熟地，深耕 30 厘米，每 667 米^2 施用 2 000～2 500 千克基肥。用氨水作基肥效果很好，不但促进生长，且有杀菌、减轻病虫害的作用，每 667 米^2 用量约 50 千克。

10 月下旬至 11 月下旬移栽，密度为 15～20 厘米见方。定植深度因气候、土质而异，早秋宜浅栽，以防深栽烂心；寒露后，栽菜宜深些，可以防寒。

要注意定植质量，保证齐苗，如有缺苗要及时补苗。定植后及时浇水，促进缓苗。缓苗后酌情浇水并追施速效氮肥，这是加强生长、保证丰产优质的主要环节。冬季生长缓慢，且地温较低，可覆盖一些土杂肥、草木灰等，保苗越冬。早春返青后，再结合浇水追施粪水或尿素 2～3 次。黄心乌菜移栽后 15～20 页即可食用，可一直持续到翌年 4 月份。黄心乌菜抽薹后其嫩薹也可食用，且味道鲜美。

三十二、软化菊苣种植技术

菊苣为菊科苪苣属多年生草本植物，其肉质直根经软化栽培后形成的芽球是一种营养丰富、口感极佳的高档蔬菜。每 100 克鲜重含蛋白质 1.7 克、脂肪 0.1 克、钾 196 毫克、糖类 2.9 克、维生素 C 13 毫克、钙 17 毫克、磷 32 毫克、铁 0.6 毫克。因其含有马栗树皮素、野苪苣苷、山苪苣苦素等物质而略带苦味，具有清肝利胆之功效，食用后能促进消化液、胆汁的分泌，增进食欲，又因其性寒味苦，故能消火通利二便。菊苣不易感染病虫害，芽球外观淡黄，可凉拌、做汤或炒食，脆嫩爽口，味道甘苦，具独特风味，是一种营养、保健、清洁无污染、食用安全的高档绿色蔬菜。软化菊苣栽培一般可以分为春秋两季栽培，郑州地区大都采用秋季播种，元旦、春节采收软化部位食用。

郑州地区 7 月下旬至 8 月上旬搭荫棚干籽直播，播前每 667

米^2 施入腐熟的有机肥 5 000 千克、三元复合肥 50 千克，深翻土壤，整平，做南北向小高畦，畦面宽 80 厘米，畦高 10～15 厘米。每 667 米^2 播种量为 200～250 克，播时在小高畦两侧开沟，沟距 50 厘米，沟深 3 厘米，把干籽均匀撒播于沟内，播后覆细土 1 厘米厚，镇压后浇水。

在 8 月上中旬 2～3 片叶时间 2 次苗。在 8 月下旬 5～6 片叶时定苗。每 667 米^2 以留苗 8 000 株左右为宜。定苗后到 9 月中旬以前植株需水量大，土壤应见干见湿，在 9 月下旬结合浇水每 667 米^2 追施三元复合肥 30 千克。从 10 月中旬到根株采收前每 6～8 天浇 1 次水，11 月上旬后不再浇水。菊苣较少发生病虫害，有白粉虱危害时应及早喷布 25%噻嗪酮可湿性粉剂 1 500～2 000 倍液，或 2.5%联苯菊酯乳油 2 000～3 000 倍液，有斑潜蝇危害时可喷洒 1.8%阿维菌素乳油 3 000～4 000 倍液进行防治。

11 月中下旬至 12 月上旬用铁锹将整个根株挖出，忌伤根，根株挖出后连秧带根堆放在一起晾晒 2～3 天，然后去除老、黄叶片，叶基部留 4～5 厘米长的叶柄，其余部分全部切去，切去时注意不要使生长点受到破坏，切除后挑选植株。选择植株标准：根长约 20 厘米，根粗约 4 厘米。将选择的植株整齐码放在 0℃～2℃室内度过休眠期 8～10 天。

肉质根软化方法：软化在温室或大棚中进行，冬季需利用温室，保证软化床温度在 5℃～25℃。软化床的建造可在温室内南北向挖沟，沟宽 1.2 米、深 20 厘米，将菊苣根竖直码放在沟内，根与根之间留 2～3 厘米空隙，填进细土，与原地面相平，然后浇水，待水渗下后，上覆干净的细沙或细土，高出地面 20 厘米。将池床整成与沟宽一致的平面状高垄。2～3 天后在池床上插小拱架覆盖黑色塑料薄膜，保持池床内黑暗环境，并保持 8℃～14℃的温度条件。此外，当池床内空气相对湿度过大时，可在夜间适当进行通风。软化床温度控制在 5℃～25℃，一般 20～30 天后，芽球达

100～150 克时即可起出芽球。起球时用小刀，注意不要散球，采后及时修整，除净沙土小包装上市，余下的根还可继续培养出侧芽。

三十三、萝卜种植技术

萝卜为十字花科萝卜属。绿皮萝卜种植可选鲁萝卜 1 号、青圆脆、青皮脆品种；心里美萝卜可选鲁萝卜 6 号品种；红皮萝卜可选鲁萝卜 3 号、大红袍、薛城长红品种。秋萝卜播种过早时病虫害严重，播种过晚产量下降，一般于立秋前后播种。

萝卜种植前每 667 米^2 施腐熟的有机肥 3 000～5 000 千克、草木灰 200 千克，施肥后将地深翻细耙，按 60 厘米的间距做垄，每垄播种 2 行，行距为 15～20 厘米，播后覆土。

幼苗长至子叶充分展开时进行第一次间苗，长至 3 片真叶时进行第二次间苗，长至 4 片真叶时进行最后一次间苗，随后可定苗。定植密度为每 667 米^{2}800 株，大型品种的定植密度可适当稀一些。

叶片生长盛期一般地不干不浇水，地发白才浇水。进入定橛期后，应供应足够的水分，收获前 1 周停止浇水。在多雨季节，应注意及时排水。

在定苗后进行第一次追肥，每 667 米^2 施硫酸铵 10～15 千克；莲座期进行第二次追肥，每 667 米^2 施三元复合肥 10～15 千克。肉质根生长盛期应追施三元复合肥，防止叶片早衰，促进肉质根生长。另外，在肉质根膨大期还应叶面喷 0.3%硼砂溶液，以促进其生长。

从苗期开始可用 40%乐果乳油 800～1 000 倍液防治蚜虫、黄条跳甲、菜青虫等害虫。后期用 75%百菌清可湿性粉剂 600 倍液，或 65%代森锌可湿性粉剂 500 倍液喷雾防治霜霉病；用 47%春雷・王铜可湿性粉剂 500 倍液防治软腐病。

三十四、茼蒿种植技术

茼蒿即蓬蒿，为1年生或2年生草本植物。茼蒿栽培以沙壤土为宜，要求有方便的灌溉条件，选好地后翻地，并施入优良农家肥，每667米^{2}施腐熟猪牛粪1000千克以上、磷酸二铵25千克作基肥。将地做成宽1.2～1.4米平畦，准备播种。

在播种前3～4天，将种子用50℃～55℃热水浸种15分钟后浸泡12～24小时，置于25℃左右温暖地方催芽，催芽期间每天用清水淘洗1次。若是新种子，要提前置于0℃～5℃低温条件下处理，7天左右即可打破休眠。

春季保护地栽培一般在3月下旬或4月份用温床播种育苗；春季露地育苗栽培，在4月中旬温床播种育苗；春季露地直播栽培，在5月上旬扣小拱棚或地膜播种；夏秋栽培，可冷床或露地分批分期播种，7～10天一个播期。

可采用撒播或条播栽培。撒播每667米^{2}用种量约为4千克；条播按行距10厘米左右播种，每667米^{2}用种量约2千克。早春苗床育苗播种要用药土覆盖，防止发生猝倒病。育苗苗龄以20天为宜，3～4片真叶为定植适期。

播种至发芽出苗，一般需5～7天。在发芽期间要注意保湿，防止土壤干燥。当苗高2～3厘米、1～2片真叶时进行间苗和田间拔苗，使株距保持1～2厘米，并进行浅中耕。待幼苗在3～4片真叶期定植，定植的外界或棚内温度要稳定通过10℃，定植或定苗株距要在4～6厘米。第一次间苗时浇水1次，定苗后再浇水，且随水追施速效氮肥。以后可以分次间苗采收。

茼蒿生长期一般40～50天，当株高达20厘米左右、具12～13片真叶时即可采收，为保持产品鲜嫩，收获宜在早晨进行。采收不及时，气温高，会导致茎叶老化，品质低劣，或节间伸长，抽薹开花。如果想多次采收，可用刀将主茎基部留2～3厘米割下，割

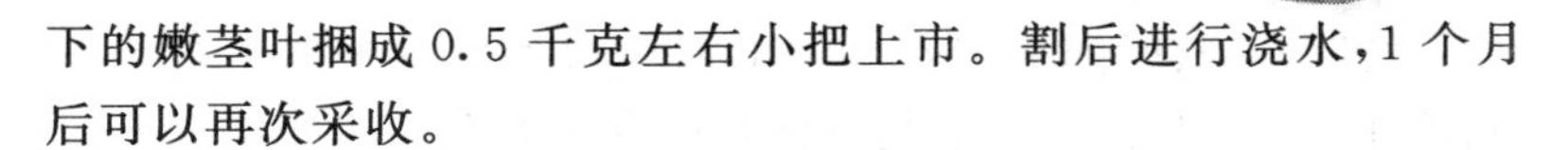

下的嫩茎叶捆成 0.5 千克左右小把上市。割后进行浇水，1 个月后可以再次采收。

三十五、洋葱种植技术

洋葱属百合科蒜属，为 2 年生草本植物。洋葱一般需要自己育苗，可选择红皮或黄皮洋葱。播种时间为 2 月中旬至 3 月初，播种过早易抽薹，播种过晚不易形成壮苗。播种后上面覆盖 3～5 厘米沙子即可浇水，第一水要完全渗透地面；待地面见苗后再浇第二水，这一次水不宜过深，出全苗后喷多菌灵、百菌清等防苗期猝倒病，15～20 天后再浇 1 次水，促苗生长，若苗过小应适时追肥浇水；若苗过旺，应控制肥水，同时苗期应注意拔除杂草。

洋葱根系入土浅，分布范围小，因此要求种植洋葱的土壤肥力较好，地块平整，基肥质优，充分腐熟，撒施均匀。一般每 667 米^2 施土杂肥 10 000 千克、三元复合肥 20～30 千克，均匀地撒在地面上，然后浅耕翻压。为防治地下害虫，整地时每 667 米^2 地施 1～2 千克辛硫磷，在定植前 1 周地面覆膜，宽度以地膜而定，地膜四边需压实平整，以利保温保湿。

洋葱定植时间大都在 4 月中旬至 5 月初之间，这时幼苗一般为 3 叶 1 心，以定植时要对幼苗进行分级(分茎粗 0.3～0.5 厘米，0.5～0.8 厘米两级)，定植密度为株距 12～13 厘米、行距 20～21 厘米，每 667 米^2 以定植 2.3 万～2.5 万株为宜。起苗后用剪刀将长根略去一部分，便于插栽，用 50%敌敌畏乳油 1 000 倍液蘸根。用专用工具打孔，顺孔插下，用手将土埋上。栽植深度 2～3 厘米，以土埋没小鳞茎，浇水后不漂秧为宜。

洋葱定植后要及时浇 1 次缓苗水，同时要及时查苗补苗，待洋葱全苗返青后，结合浇水可适当追肥，这时加强田间管理是提高洋葱头产量和质量的关键。最后一次追肥不能偏晚，一般应距收获 30～40 天，以免引起贪青。

洋葱的收获时间一般在9～10月份最适宜。根据生育期长短，收获时间待田间2/3的植株倒伏时即可收获。收获应选择晴天，将洋葱拔出后整株放在田间，用葱叶盖住葱头，晾晒2～3天，等葱头表皮干燥、茎叶充分干好后，堆放，盖上草苫防日晒雨淋。收获时应注意不要碰伤葱头，以免损坏葱头。还要小心轻放，以免影响贮存销售。

三十六、甘蓝种植技术

甘蓝属十字花科芸薹属的1年生或2年生植物。选择抗寒性强、优质、高产、抗病的冬甘蓝品种。

7月20日至8月10日播种育苗，苗龄30～35天。9月15日前定植，翌年1～3月份均可采收上市。

选择条件较好的沙壤土建育苗畦，要深翻整平，重施优质农家肥，浇足底墒水，等水干后，将种子掺土均匀播于苗床，覆土要浅，一般厚度为0.5厘米。为防止日晒或雨淋可用草苫或遮阳网遮盖，以确保全苗。一般3天齐苗，于下午日落时撤去草苫或遮阳网。由于秋季气温偏高、水分蒸发快，应及时喷水，苗期在2～3片叶时间苗，经过分苗的定植期可推迟7～10天。苗长至6～7片叶，苗龄30天左右时即可移至大田定植。定植前5～7天不要浇水，进行炼苗，以提高成活率促其快缓苗，并注意拔除杂草和防治病虫，确保培育壮苗。

选择有浇水条件、土壤较肥沃的花生、地瓜、黄烟等闲茬地块，及时耕翻整平，每667米^{2}施优质土杂肥4 000千克、三元复合肥20千克、硫酸钾10千克，起垄备用。定植宜在阴天或傍晚进行，移栽时将大小苗分类定植，使大田整齐一致，便于田间管理。定植行距50厘米，株距35厘米，定植后立即浇水，15天后再浇1次水，并追施尿素15千克。植株进入莲座期生长速度加快，如生长过旺，应适当蹲苗，一般蹲苗10～15天，当叶片上明显有蜡粉，心

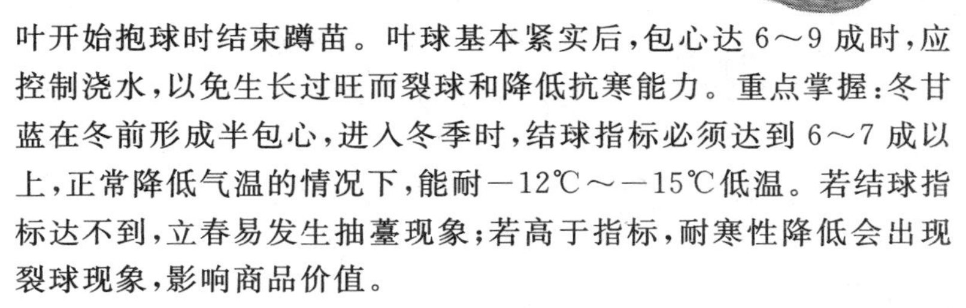

叶开始抱球时结束蹲苗。叶球基本紧实后，包心达6～9成时，应控制浇水，以免生长过旺而裂球和降低抗寒能力。重点掌握：冬甘蓝在冬前形成半包心，进入冬季时，结球指标必须达到6～7成以上，正常降低气温的情况下，能耐－12℃～－15℃低温。若结球指标达不到，立春易发生抽薹现象；若高于指标，耐寒性降低会出现裂球现象，影响商品价值。

冬甘蓝在冬季生长，受气候等因素的影响，病虫害发生较轻，不需施药防治，无农药残留，无污染，是发展潜力极大的无公害蔬菜品种。

冬甘蓝的收获期长，什么时候收获要视市场价格因素决定，以获得更大的经济效益。但应注意，必须在4月1日前收获完毕。因为植株已通过春化作用，防止后期裂球、抽薹，影响菜球的商品质量。

三十七、胡萝卜种植技术

胡萝卜为半耐寒性蔬菜，发芽适宜温度为20℃～25℃，生长适宜温度为白天18℃～23℃，夜温13℃～18℃，温度过高、过低均对生长不利。胡萝卜根系发达，因此深翻土地对促进根系旺盛生长和肉质根肥大起重要作用。

(一)春季胡萝卜的栽培要点

春播胡萝卜品种要求早熟、丰产、冬性强、耐抽薹，并要求肉质根膨大期耐热。目前较适合春播的胡萝卜品种有郑参丰收红、日本新黑田五寸人参、红誉五寸、春莳五寸、红映2号、京红五寸、春红1号、春红2号等。

胡萝卜是根菜类作物，要选择土层深厚、土质疏松肥沃、排水良好、向阳、升温早的沙壤土或壤土种植。播前需深耕细作，耕作深度不少于25厘米。耕层太浅，肉质根易发生弯曲、裂根与杈根。结合耕翻整地，每667米^{2}施腐熟农家肥5 000千克、磷钾肥和速

效氮肥15千克。如没有有机肥,可每667米^{2}施三元复合肥50千克加少量尿素和磷酸二氢钾。整地细、施肥匀,有利于苗齐苗壮,并使肉质根色泽鲜嫩光滑。春播胡萝卜可高垄播种,也可平畦播种,但以高垄播种效果最好。整平地后打畦做垄,垄面宽60～70厘米,垄沟宽30～40厘米,沟深20厘米左右。垄面表土一定要细碎、平整,以利于播种和发芽整齐。

春播胡萝卜播种过早容易抽薹,播种过晚会导致肉质根膨大,处在25℃以上的高温期,则影响肉质根的膨大和品质,并产生大量畸形根。胡萝卜肉质根膨大的适宜温度为18℃～25℃。在选用耐抽薹春播胡萝卜品种的前提下,可在日平均温度10℃、夜平均温度7℃时播种。一般华北地区北部在4月初播种,华北地区南部在3月下旬播种;华中、华南地区可在3月上旬播种;西北、东北等高寒地区可在4月下旬至5月上中旬播种。

胡萝卜种子带毛且小,不易吸水和透气,加上春播地温低,导致种子发芽出苗慢。为促进早发芽出苗,播种前应进行浸种催芽。用30℃～35℃温水浸种3～4小时,捞出后用湿毛巾或袋子装好保湿,置于25℃～30℃条件下催芽3～4天,其间每天用清水冲洗1次,待80%～90%种子露白后即可拌湿沙播种。播种时将种子均匀播在垄上的浅沟内,播后均匀盖上一薄层细土,覆盖地膜,最好加大棚或小拱棚,没有条件的地方也可用草或秸秆代替。

播种后保持土壤湿润,创造有利于种子发芽和出苗的条件。幼苗出齐后将地膜揭掉,揭膜要在无风上午进行。在苗期应进行2次间苗。第一次间苗在1～2片真叶时进行,去掉劣苗、弱苗与过密苗;第二次间苗在3～4片真叶时进行,间苗后即定苗,苗距一般在12～14厘米。中耕除草是胡萝卜丰产的关键,间苗时结合拔草和中耕松土,中耕要浅,以免伤根。

为使胡萝卜充分生长获得高产,整个生育期要浇水追肥2～3次。第一次浇水不要太早,一般在定苗后5～7天进行,浇水量要小,结合浇水每 667 米^2 施硫酸铵 2～3 千克、过磷酸钙 3～3.5 千克、钾肥 2～3 千克。第二次浇水在 8～9 片真叶时即肉质根膨大初期,也是需肥水最多的时期,需及时浇水追肥,保持土壤湿润,结合浇水每 667 米^2 追施硫酸铵 7 千克、过磷酸钙 3～3.5 千克、钾肥 2～3 千克。之后是否追肥浇水可视生长情况进行。另外,中耕时需注意培土,防止肉质根膨大露出地面形成青肩胡萝卜。

春播胡萝卜根据不同生长环境,一般在 6 月下旬至 7 月上旬收获,视植株特征判断。成熟时表现为叶片不再生长,不见新叶,下部叶片变黄。过早、过晚采收都会影响胡萝卜的商品性状,从而影响产量。采收后如暂时销售不完,可放入 18℃左右的室内阴凉通风处保存,延长上市时间。如有 0℃～3℃冷库,采收后贮存,可供应整个夏季。

(二)秋季胡萝卜的栽培要点

胡萝卜秋播对品种的冬性强弱没有严格要求,一般选用高产、优质、外观漂亮的钝尖型品种,如丰收红、郑参 1 号。需晚播早熟品种,最好选择郑参 1 号。

胡萝卜肉质根生长的大小、好坏,决定着种胡萝卜经济效益的高低。为确保其生长良好,一定要选择土层深厚、疏松、肥沃、能浇能排、没有地下害虫的壤土或沙壤土种植,并做到深耕细耙,施足基肥。耕深掌握 30 厘米左右,要耕透耕细,上虚下实,不留明暗坷垃和前茬作物根茬,以防胡萝卜肉质根发杈。按胡萝卜生长发育对矿质营养的需求关系和土壤供肥能力,中等地力需每 667 米^2 施优质腐熟农家肥 5 米^3、尿素 20 千克、过磷酸钙 25 千克、硫酸钾 10 千克。整地前均匀撒于地表,结合整地翻入犁底。

以 7 月下旬播种为宜。但为了充分利用生长季节,延长光合作用时间,增加产量,应适当早播。

胡萝卜的播种方式分畦播和条播 2 种,仅以畦播为例,方法是在地整好后做畦,畦宽为 1.5 米。中等肥力地块行株距 15 厘米×

10 厘米，每 667 米^2 保苗 4 万株左右；高产地块行株距 20 厘米×12 厘米，每 667 米^2 保苗 2 万～3 万株。每 667 米^2 用种量 500～1 000 克。

胡萝卜种子粒小且具有革质膜保护，不但发芽困难而且顶土力弱，若播种过深易“闷芽”；若播种过浅，播种期间大气蒸发力强，又易下暴雨，很容易“回芽”或“拍苗”。若想一播全苗，必须做到：播种前 1 天晒种 3～5 小时后，置常温下用 25℃～30℃净水浸种 6～8 小时，然后置 20℃～25℃条件下保温催芽。待 10%种子种壳萌动即可按预定行株距播种在底墒充足的田间，深度掌握在 1 厘米左右。播后立即浇“蒙头水”。但要注意忌大水漫灌，一般 4 天可出苗。

要搞好田间间苗和定苗，出苗 10～15 天、具 2 片真叶时间苗，25 天左右、具 5 片真叶时定苗。自 2 片真叶时即可进行中耕。原则上一遍浅一遍深，一次比一次远离主根。生长中后期结合中耕，要注意培土，防止胡萝卜青头，以提高商品价值。有收无收在于水，要适时浇水，适量追肥，保持地表湿润，保证足墒出苗。7～8 片真叶时控水，并加强中耕防止叶片徒长。肉质根指头粗时，结合浇水，可每 667 米^2 追施尿素 10 千克、硫酸钾 10 千克，以促进肉质根的生长。此期以后要保持地面见干见湿，切忌土壤忽干忽湿，以防裂根和瘤子根的形成。追肥采取少量多次的原则，以防形成黑斑根。

胡萝卜收获期不严格，当根茎达到一定大小时即可收获食用。

三十八、生姜种植技术

生姜原产于我国热带及东印度，性喜温暖，根茎（姜块）生长需要较高的温度。在 16℃以上才能发芽，在 20℃～27℃时姜块发育迅速，月平均温度为 24℃～29℃最适宜根茎分生，在 15℃以下停止生长，达 40℃时发芽仍无妨碍。但低于 10℃以下，姜块容易腐烂。生姜耐阴而不耐强日照，对日照长短要求不严格。故栽培时应搭荫棚或利用间作物适当遮阴，避免强烈阳光的照射。生姜的根系不发达，耐旱抗涝性能差，故对于水分的要求格外讲究。在生长期间土壤过干或过湿对姜块的生长膨大均不利，都容易引起发病腐烂。生姜喜欢肥沃疏松的壤土或沙壤土，在黏重潮湿的低洼地栽种生长不良，在瘠薄保水性差的土地上生长也不好。生姜对钾肥的需要最多，氮肥次之，磷肥最少。

选择形状扁平、颜色好、节间短而肥大且无病虫害的姜块作种，用草木灰溶液浸泡 15～20 分钟进行消毒，防止腐败病（姜瘟）的传播危害。在选种消毒时，凡发现姜块有水渍状肉质变色，表皮容易脱落的，说明已经受病害感染，必须淘汰。

为了出芽快而整齐，在播种前 1 周左右，选择晴天，将种块翻晒数天，使姜皮变干发白，放入垫有稻草的箩筐内，使其头朝内、脚朝外，一层层放好后，再盖草苫或稻草，用绳子扎紧，放于灶的上部，利用柴草的热烟加温，保持筐内湿润和 20℃～30℃的温度，经过 20 余天幼芽长 1 厘米左右取出。也可放于温室或塑料大棚内，保持 20℃以上的温度进行催芽。催芽后把种姜切成小块，每块有 1～2 个芽子，蘸上草木灰即可播种。

生姜喜欢土层深厚、富含腐殖质的肥土。由于生姜的根系少，分布范围小，因此用来栽生姜的土地还需实行深翻暴晒，使其风化疏松，以利根系生长发育。生姜的产量高，生长期长，故需肥量多，每 667 米^2 应施腐熟牛、猪圈肥 2 000～2 500 千克作为基肥，有条件还可增加 20 千克的三元复合肥效果更为理想。姜不宜连作，应与其他蔬菜进行 3 年以上的轮换栽培，防止姜瘟发生危害。

一般 4 月下旬至 5 月上旬播种。经过催芽或用地膜栽培的可适当提早。种块的大小与产量关系甚大，使用较大的姜块作种不但出苗早，加快发育生长提早成熟，而且产量高，因此每块种姜应以 50～100 克为宜。若以 50 厘米×15 厘米的田间栽培行株距计

算，每 667 米^2 可用姜种 150～250 千克。虽然用种量较多，但姜种以后还可以收回利用。为了避免在生长期间根茎露出土面降低品质，在栽培时必须适当进行深播，其栽培方法如下。

高厢栽培法：将土地平整开沟，做成厢宽 1.2 米、沟宽 30 厘米的高窄厢，每厢均匀纵开种植沟 3 条，施入基肥与土壤混合后，按 15～18 厘米的株距进行播种栽培，每 667 米^2 可栽 8 000～9 000 株。这种方法在地势平坦、地下水位较高的地带(如稻田)，可以增强土壤透气性，提高地温，防止积水烂根。

条垄栽培法：将土地深翻耙平，不做厢，按 50 厘米的行距开种植沟施放基肥，与土壤混合后，按 15～20 厘米的株距进行播栽，以后培土做成垄。此法每 667 米^2 可植 8 000 株左右。适宜在地下水位低、通风透气性较好的梯地或斜坡地栽培。在播种时，若是经过催芽的种块，应将芽子朝上放，未经催芽的种块平放、斜放均可。播种后覆盖 5～6 厘米厚的细泥土，使其尽快出苗。

生姜害怕烈日照射，但散射光对生长又有好处。因此，在播种出苗、秧苗高达 15 厘米以后，应搭成高 1 米左右的平架，架上铺盖稀疏杂草，或插狼鸡叶，挡住部分阳光，降低照射强度，以利植株生长。到了秋天光照强度减弱，这时由于地下部的根茎膨大，需要较多的光照，再撤去荫棚，增加光合作用，提高产量。或者因地制宜在阴山坡栽培，效果均好。

生姜的地下部有向上生长的习性，且喜欢土壤疏松透气，故在生长期间应进行中耕培土。一般中耕 2～3 次，结合培土进行。生长前期中耕适当深些，到了中后期植株较大，且地下部已开始膨大，应实行浅中耕。培土可增厚土层，防治姜块露出土面降低质量。通过培土，将原来的栽植平行逐渐变成垄行，使土壤滤水和透气，有利于姜生长，提高姜块的产量和品质。

生姜在生长期间，应根据植株的长势确定追肥，一般共追肥 2～4 次，结合中耕除草进行，掌握先淡后浓的原则施用。在生长的前期由于植株不大，需肥较少，一般应少施；到生长中后期植株长大，且地下部开始结姜块，需肥较多，应多施勤施，可在人畜粪水中加进 0.5%左右的三元复合肥，在晴天进行施用，效果良好。

生姜的采收与其他蔬菜不同，可分嫩姜采收、老姜采收及种姜采收 3 种方法。

嫩姜采收，可作为鲜菜提早食用及供应市场。一般在 8 月初即开始采收。早采的姜块肉质鲜嫩，辣味轻，含水量多，不耐贮藏，宜作为腌泡菜或制作糟辣椒调料，食味鲜美，极受市场欢迎，经济效益好。

老姜采收，一般在 10 月中下旬至 11 月份进行。待生姜的地上部植株开始枯黄，根茎充分膨大老熟时采收。这时采收的姜块产量高，辣味重，且耐贮藏运输，作为调味或加工干姜片品质好。但采收必须在霜冻前完成，防止受冻腐烂。采收应选晴天完成，齐地割断植株，再挖取姜块，尽量减少损伤。

种姜采收，一般掌握在地上植株具有 4～5 片叶时，大约在 6 月中下旬进行。采收时小心将植株根际的土壤拨开，取出种姜后再覆土掩盖根部。若采收过迟伤根重影响植株生长。

生姜的病虫害较少，主要是姜腐败病（姜瘟）危害严重。其发病的时间多在立秋前后，尤其是在阵雨多、地势低洼积水的情况下最易引起发病蔓延。发病初期，植株叶片尖端开始枯萎，以后沿着叶脉变黄，经过数天以后，整个植株茎秆、叶片变为黄褐色而逐渐枯死，严重时成片死亡。姜块开始发病，出现水渍状黄色病斑，并逐渐软化腐烂，发出恶臭味。防治方法：实行 3 年以上的轮作栽培；严格选用无病姜种，实行种块消毒；选择排水好、肥沃疏松的地块栽培，开好田间排水沟；及时拔掉中心病株，并在病株周围撒石灰消毒；发病后及时用 50%代森铵水剂 1 000 倍液喷雾 2～3 次。

第三章　家庭庭院菜园种植技术

家庭庭院包括农村房前屋后、城镇庭院、城市一楼小花园等。土地空间很小，土壤条件也不是很好，阳光也不充足。

第一节　家庭庭院菜园种植、施肥、病虫害防治原则

一、家庭庭院菜园种植原则

家庭庭院菜园可根据季节变化栽培各种适宜的蔬菜。根据庭院的面积合理安排种植蔬菜品种、数量及种植时期，尽量满足不同时期的蔬菜需求。庭院菜园种植蔬菜应尽量做到品种多样化，每个蔬菜品种种植数量可适当少一些，满足自己家庭需要即可。

二、家庭庭院菜园施肥原则

施肥应以有机肥为主，化肥为辅，施肥方式以基肥为主，追肥为辅。庭院菜园施肥应注意多施农家有机肥，氮、磷、钾肥施用要均衡。

三、家庭庭院菜园病虫害防治原则

病虫害防治一定要使用无公害农药，提倡进行病虫害综合防治，通过田间管理达到无病虫害或很少发生病虫害。

第二节 家庭庭院菜园种植规划

家庭庭院菜园可根据季节变化栽培各种适宜的蔬菜，一般采用露地栽培蔬菜的方式，也可以采用阳畦、小拱棚等设施栽培蔬菜的方式，种植规划要根据食用需求，合理安排种植茬口，尽量满足不同时期家庭对蔬菜的需求。

家庭庭院菜园种植蔬菜时应充分考虑整体布局美观、整齐，蔬菜叶色搭配合理、鲜艳。菜园种植蔬菜也可与一些草花搭配种植。这样，庭院菜园不仅能够满足家庭种植、食用蔬菜的需求，还能起到都市花园的美化作用。

在城市小区住的业主发展家庭庭院式菜园时要注意种植形式要符合小区整体布局美观的需要，要符合物业公司的规定，以免产生不必要的矛盾。

家庭庭院式菜园在种植蔬菜布局上可以考虑围栏周边种植攀援性蔬菜，如丝瓜、眉豆、苦瓜等。中间布局叶菜类蔬菜或果菜类蔬菜，也可搭个凉棚架，凉棚架周边种植佛手瓜、丝瓜、蛇瓜、眉豆、葫芦、观赏南瓜等上架类蔬菜。

第三节 家庭庭院蔬菜种植技术

一、观赏南瓜种植技术

观赏南瓜属于南瓜的变种，瓜皮为白色、黄色或绿色，瓜形多样，具有较高的观赏价值。

我国南方 3 月份、北方 4 月份、东北寒冷地区 5 月初播种，行距 70 厘米，株距 50 厘米，盆栽时每盆只留 1 株。南方可露地直播，北方以提前 1 个月在保护地育苗移栽为好。

于苗畦内施入沤熟的农家肥，整平，浇透水。播种时株行距为8厘米，播后往种子上盖1厘米厚的细沙土，在苗畦上做塑料拱棚保温育苗。保持畦内白天25℃～30℃，夜间不低于15℃，5天即可出苗。苗出齐后，选晴天上午9～10时揭棚放风炼苗。苗期少浇水，以免降低苗床温度。秧苗有3片真叶且已无霜冻1周后，选晴天栽苗。每棵苗浇1大碗水，水渗完用细土封窝。栽后尽量不用大水漫灌，以免降低地温影响小苗生长。

温度对幼苗的生长影响很大，北方遇到低温时，应及时用塑料拱棚覆盖保温。温度长期低于10℃，瓜秧上雄花少甚至没有雄花；长期高于35℃或过于干旱时，瓜秧上雌花少甚至无雌花。早春昆虫少，前几朵雌花应选晴天上午用干净毛笔进行人工授粉。

农家肥以沤熟的人畜禽粪为好，也可以使用吃剩余的馒头或废骨肉渣沤制的肥料。在离根10～15厘米处挖坑埋施，注意少量多次。结瓜期施肥量要适当增加。

观赏南瓜的茎叶上均长有长而硬的细毛，害虫不易接近。偶尔有蚜虫或菜青虫危害叶片，可用烟蒂泡成烟草水喷洒有虫叶片。

观赏南瓜观赏期较长，南瓜成熟后可放置2～3年以供观赏。庭院种植时，瓜秧死棵后南瓜不要采收，还可以继续观赏。

观赏南瓜可以自己留种，留第二、第三个瓜作种瓜，要注意使其远离同科属瓜类，以防串花变种。待留种瓜的瓜皮木质化后剥出种子，翌年还可以再种。

二、番杏种植技术

番杏为番杏科多年生草本植物。番杏植株丛生，分枝性能强，生长快，每个叶腋均能生长侧枝。打顶后在温度适合情况下，大约15天侧枝即能达到采收标准。茎匍匐生长，长可达120厘米。叶片呈三角形，互生，叶肉厚。每个叶腋着生黄色小花，花很少，不具花瓣，子房下位。果实为坚果，菱角形，似菠菜，内有种子数粒，千粒重83～100克。番杏性喜温暖，耐热，耐低温，抗干旱，耐盐碱，喜湿怕涝，根系再生能力弱。夏季高温多雨，植株过密，易造成烂茎而死。不耐霜冻，但低温适应性好。夏季干旱强光，叶片变硬卷曲，食用不佳。小苗期遇干旱、强光可诱发病毒病。光照弱，湿度大，茎叶柔嫩。番杏生长强壮，整个生长期病虫害很少，是天然的无公害蔬菜。番杏一次栽培可以连续收获，春季播种，50天后可以收获，直到下霜为止。番杏种子易于脱落，采收不易，需分批采收，落地种子秋季或越冬后翌春均能发芽。

番杏富含微量元素硒，可以预防老年性疾病、肿瘤、心血管疾病、动脉硬化等。番杏全株可以入药。因番杏含有单宁，食用前要用热水烫透，可凉拌，也可以炒食或做汤。

庭院栽培在终霜期结束后进行。番杏种植前先整畦，每平方米施入充分腐熟发酵的农家肥10千克、消毒鸡粪0.5千克、过磷酸钙0.1千克、三元复合肥0.1千克、磷酸二铵0.1千克，均匀撒施后，深耕细耙。栽培畦采用高垄栽培，按70厘米距离做成南北垄，垄高约15厘米、宽约50厘米。

番杏一般直播，直播每平方米需种量为2克左右。为预防病毒病，种子可以用10%磷酸三钠溶液浸泡30分钟后，再用40℃～45℃温水浸泡24小时后直播。

番杏也可以扦插育苗栽培。扦插一般在春季或秋季进行，选长势较好的番杏枝条剪2～3厘米小段，直接扦插到整好的育苗畦里，使用小拱棚保湿遮阴，15～20天后，番杏一般就可以长出新根，发出新叶，可以定植，带土坨移栽，栽后及时浇定植水。

番杏从定植到第一片新叶长出为缓苗期，此期要保持土壤湿润，做到勤中耕浅中耕，以促进根系发育。缓苗期结束后，结合浇水追施1次速效氮磷肥，一般每平方米追施磷酸二铵1克或尿素1克或冲施肥1克。当植株进入旺盛生长期后，每隔1周左右结合浇水每平方米追施富钾型冲施肥1克，或尿素和硫酸钾各1克。

番杏植株爬满田间后要及时进行打顶，促进侧枝生长。侧枝长到 20 厘米左右时要及时采摘食用，如果采摘不及时，会导致内部通风不良造成烂茎。

三、黄秋葵种植技术

黄秋葵营养价值高，其嫩果中含有由果胶及多糖组成的黏性物质，使黄秋葵有一种特殊风味，口感爽滑；一般可炒食，做汤或腌渍、罐藏等。黄秋葵花果期长，花大而艳丽，花有黄色、白色、紫色，在庭院种植也可以观赏。老熟种子晒干后磨成粉，煮成饮料，风味与咖啡相似，可作咖啡代用品。花、种子、根均可入药，对恶疮、痈疖有一定疗效。

黄秋葵从 4 月上旬至 8 月下旬均可以露地播种，当年都可以采收嫩果；采用小棚覆盖育苗，可以提早到 3 月上旬播种，提前采收嫩果。

黄秋葵对土壤适应性强，播前或定植前将土壤深翻，按 1.4 米连沟做畦，即畦宽 1 米，沟宽约 40 厘米、深 25～30 厘米。在畦中央开沟施肥，每平方米施腐熟厩肥 3～5 千克、钙镁磷肥 1～2 千克、三元复合肥 1～1.5 千克，并与土壤充分拌匀，然后将畦面整平。

黄秋葵可以直播，每畦播 2 行，穴距 45～50 厘米，每穴播种 2～3 粒，出苗后每穴留 1 棵壮苗。为提高地温、提早出苗，早春播种可进行地膜覆盖。

如果采用育苗移栽，一般在小拱棚内进行，待断霜后定植，苗龄一般 30～40 天。采用塑料育苗钵育苗，可以保护根系，提高定植成活率。

黄秋葵在第一朵花开放前应中耕 1～2 次，并适当蹲苗，促进根系发育。封行前结合追肥进行中耕培土，防止雨季植株发生倒伏。追肥次数视植株长势而定，苗期长势差的在缓苗后可追施速效氮肥 1～2 次;开花坐果期则每采收 2～3 次追肥 1 次,每平方米每次施三元复合肥 10 克,穴施。生长期间保持水分供应,高温干旱应及时浇水。种植过密或生长中后期,可将基部老、黄叶摘去,侧枝过多的,可适当整枝,以利通风透光,促进结果。黄秋葵病虫害较少,间有蚜虫发生,可按常规方法防治。

植株开花后 4～7 天,嫩果长 7～10 厘米,即可采收。此时果实尚未纤维化,品质好,采收时宜用剪刀剪断果柄。采收期可从 5 月份一直延至 10 月中下旬。嫩果采收后,应及时食用,如要贮藏,应在 0℃～5℃条件下,时间不超过 5 天。

四、樱桃番茄种植技术

樱桃番茄又名迷你番茄、微型番茄,是普通番茄的一个变种,食其浆果。樱桃番茄果实小,单果重 10～20 克,植株生长势强,结果多,每株结果 400～500 个。果实形状有球形、枣形、鸭梨形等,具有较高的观赏价值。果实可生吃、煮食,还可加工成番茄酱、番茄汁和番茄罐头。樱桃番茄营养价值高,含有丰富的胡萝卜素和维生素 C,成熟果实含糖量高达 7%～10%,风味独特。在医疗保健上也有重要作用,有补肾利尿的功能,能降低血压,预防脑溢血、动脉硬化。

樱桃番茄为喜温蔬菜,其生长发育所需温度比普通番茄高,种子发芽最适温 25℃～30℃,生长期最适温 20℃～25℃,结果期最适温 15℃～25℃。喜光,光照不足落花落果严重;对水分要求前期少,后期多;对土壤的适应性强,在沙壤土上表现最好;喜钾肥。为防止脐腐病的发生,应适当施用钙肥。

庭院樱桃番茄栽培可在 3 月上旬小拱棚育苗,或直接到育苗公司购买种苗,4 月下旬至 5 月上旬终霜后定植,6 月中下旬进入采收期。秋播可在 7 月份育苗,8 月定植,10 月开始采收。

樱桃番茄栽培多采用育苗移栽的方式。每立方米营养土中混

入过磷酸钙 1 千克、草木灰 5～10 千克、腐熟有机肥 0.5 米^3，混合后过筛，铺于育苗床上。早春育苗苗床要设在小拱棚内，夏季育苗苗床要设在阴凉、通风处。夏天雨水多，育苗床要有避雨设施，床端要有排水沟。

樱桃番茄的病害多由种子带菌传播，因此播前要进行种子消毒。使用 55℃的温水烫种，水温自然冷凉后浸泡 12 小时，捞出用清水洗净后，用纱布包好，再用湿毛巾包好放于 28℃处催芽。催芽期间每天冲洗种子 1 次，经 3～4 天当 1/2 种子露白时即可播种。

育苗床先浇水，早春播种时浇水可适当少些，夏天播种育苗床要灌足水，待水渗下后均匀撒种，再覆 1 厘米厚过筛土。每平方米育苗床用种 3～5 克，每 667 米^2 定植面积需 6～8 米^2 育苗床。

早春育苗应注意保温，出苗前苗床地温控制在 25℃～30℃之间，夏季育苗应防雨、降温。当大部分种子出苗后要及时降温，温度控制在白天 20℃，晚上 12℃～15℃。当幼苗长出 2 片真叶时分苗。

早春分苗应在晴天上午进行，采用暗水栽的方法，先开沟，再浇水，待水渗下后放苗、埋土。埋好后表面应看不到泥水。株行距 10 厘米×10 厘米。夏季分苗在傍晚或阴天进行，方法同早春分苗。株行距 10 厘米×10 厘米。栽后灌水，畦上遮阴，待缓苗后去掉覆盖物。分苗床温度在缓苗前白天 25℃～28℃，晚上 15℃～18℃；缓苗后白天 20℃～25℃，晚上 13℃～15℃。早春不浇水，夏天分苗床应经常浇水。幼苗长至 8 片真叶时定植。

定植前先整地，结合深翻每平方米施腐熟有机肥 8 千克、三元复合肥 3 克、过磷酸钙 3 克。平地后做 90 厘米宽高畦，每畦定植 2 行，株距 20～30 厘米。

浇足定植水的，至第一穗花序开花坐果不用再浇水。若定植水浇得少，可在畦内开沟浇小水，选晴天上午进行。第一穗花坐果

后浇第一次大水，结果期需水量大，每5～6天浇1次水，要求土地见干见湿。采收期减少浇水，以防裂果。

第一穗花坐果后结合浇水每平方米追施三元复合肥3克；第一穗果转色时每平方米追三元复合肥3克，以促果实发育。以后每出现2穗果时追肥1次，追肥量为每平方米3克三元复合肥。

樱桃番茄植株高大，直立性差，当植株长至50厘米高时插架以防倒伏。侧枝生长力强，一般进行双干整枝，先留2个壮枝，其他抹去。一般不打顶，当下部老叶发黄时及时摘掉以减少养分消耗。

早春气温低时授粉不良易落花，可用20～30毫克/千克防落素溶液涂抹刚开放的花萼及花柄(只需涂抹1次)。樱桃番茄每穗开花结果较多，选留坐果良好的20～30个果，其余去掉。

完全成熟时采收，采收时要保留萼片和一段果柄。

五、佛手瓜种植技术

佛手瓜又名隼人瓜、莱稀梨、番橡瓜、合掌瓜，原产墨西哥和西印度群岛，系多年生宿根攀援性蔬菜，属葫芦科稀特蔬菜品种。佛手瓜富含人体所需要的多种维生素和矿物质，其含量比其他蔬菜高几倍乃至十几倍，可凉拌，炒食，腌制咸菜，脆嫩多汁，清香可口。因其富含锌，对因缺锌引起智力低下的儿童有辅助疗效。佛手瓜可利尿排钠，有扩张血管、降血压之功能，对高血压病亦有明显的辅助疗效。据医学研究报道，佛手瓜对男女因营养不良引起的不育症，尤其对男性性功能衰退有较好的辅助疗效。佛手瓜可在庭院、房前屋后、村边地头种植。

佛手瓜苗一般可以购买，自己在家育苗的，可于2月上旬在阳畦或小拱棚育苗。选择重250克左右成熟种瓜，用塑料布包好，放在15℃～20℃地方催芽，一般5～7天后佛手瓜顶端出芽。将催好芽的佛手瓜种入装好营养土的塑料袋内，顶端向上，覆盖5厘米

厚的营养土。塑料袋的直径为20～25厘米，高为20～25厘米。营养土一般用5%细沙加55%的肥沃菜园土，再加25%腐熟的草肥进行配制。

苗未出来以前，一般不浇水，出苗后适时浇水，水量不宜过大。出苗后温室的温度应控制在白天20℃～25℃，夜温10℃～12℃。

庭院种植佛手瓜一般于4月中旬露地定植。

定植前需深翻土地20～30厘米，挖一宽1.5米、长1.5米、深60厘米的大坑，每坑施腐熟农家肥300～400千克，农家肥要与土均匀混合填入坑中。定植前2天大水浇坑，将瓜苗定植于坑后要浇小水。定植后应注意天气变化，预防倒春寒冻伤瓜苗，在恶劣天气到来的时候可以搭建临时小拱棚预防冻害。

6月上旬及时搭架，在瓜苗的主枝附近搭一结实竖杆，有利于主枝顺杆攀援，以此杆为中心，搭建一个30～40米^2、高2米的棚架。

上架前应根据植株生长情况进行修整，一般每株留2～3个主蔓，其余全部打掉，架上侧枝一般不再修整。上架前要经常注意绑蔓，上架之后应注意引蔓，蔓要均匀引开，布满全架。

6月份以前适当少浇水，一般5～7天浇1次水；6月下旬后要多浇水，一般每隔1天浇1次水，保证植株的生长；后期一般3～5天浇1次水。

整个生长期一般不再追肥，如植株生长细弱，每株可追施腐熟农家肥100～200千克，因佛手瓜很少有病虫害发生，施用农家肥作肥料，以确保佛手瓜是绿色蔬菜。

佛手瓜10月中下旬即可采收，一般单瓜重250克左右，单株结瓜800～1 000个。

六、羽衣甘蓝种植技术

羽衣甘蓝耐寒性强，色彩鲜艳，观赏期长，观赏期可从当年11

月份至翌年 3 月份。常见的有两种系列：一是圆叶系列，叶片稍带波浪纹，抗寒性好；二是皱叶系列，叶缘有皱褶，在高温条件下比其他品种着色快，耐寒性强。

羽衣甘蓝播种可在露地进行。利用做畦与穴盘育苗两种方式都可。但必须注意的是苗床应高出地面约 20 厘米筑成高床，以便在气温高、雨水多的 7、8 月份利于排水，在播种前搭好拱棚架，旁边预备好塑料薄膜，在大雨来临前及时覆盖，以免雨水冲刷，降低出苗率。

可采用 40%草炭土和 60%珍珠岩作基质，在播种前先喷透基质层，将种子直接撒播于其上，覆盖时以刚好看不见种子为宜。播种后不用再次浇水，并覆盖遮阳网。

播种后，最好使用喷雾设备进行浇水，育苗基质的湿度应保持中湿，否则会影响其发芽率。3～4 天出苗后，在下午 4 时以后或阴天揭掉遮阳网，应用喷壶浇水，出苗后 5～7 天即可揭掉遮阳网。在苗期保持基质 pH 值为 6.2～6.5，每周施用 50～75 毫克/千克的氮肥 1 次。

当幼苗长出 5～6 片真叶时即可定植到庭院中，也可上盆定植，栽培基质选用菇渣、缓释有机肥、大田土，按 1∶1∶1 的比例配制。在上盆时，注意羽衣甘蓝的种植深度，不要将植株的心叶埋住，因为一旦埋住心叶，植株就会死亡。小苗在缓苗期间要搭盖遮阳网，以防小苗暴晒于强阳光下失水死亡。

在定植初期，特别需要控制盆土基质的水分，要保持盆土湿度在 70%左右，太干不利于小苗根部吸收水分和满足植株的水分需求。直接定植到庭院中的羽衣甘蓝定植后要浇透水。羽衣甘蓝生长中后期也应供给充足的水分，浇水时把握"不干不浇，浇则浇透"的原则，以利于植株根系的伸展发育。但浇水过多会造成沤根，并易生真菌性病害，在雨天过后应及时倒掉盆中淤积水；过干常会导致下位的成熟叶黄化脱落。

羽衣甘蓝在定植后每隔1个月左右稀一次盆，以防摆放太密导致下部叶黄化。在第一次定植时即留出空位，以免以后稀盆时费时费工。

冬季来临时，应浇防冻水。在庭院栽培羽衣甘蓝可观赏到4月中旬。

七、樱桃萝卜种植技术

樱桃萝卜是一种小型萝卜，其肉质根圆形，直径2～3厘米，肉白色，根皮红色，单根重15～20克，株高20～25厘米，生长期较短，一般为30天左右，具有较强的适应性。不仅品质细嫩，清爽可口，有较高的营养价值，而且可以生食、炒食、腌渍和作配菜。

樱桃萝卜对土壤的适应性较强，但以土质疏松、肥沃、排水良好、保水保肥的沙质壤土最佳。因此，在整地时要求深耕、晒土、平整、细耙、肥土混合均匀。由于樱桃萝卜的生育期较短，肉质根较小，对肥料的种类及数量要求不太严格，因此一般以基肥为主，不需追肥。通常每平方米施用充分腐熟的厩肥6千克左右，用5克过磷酸钙作为种肥。栽培方式一般采用小平畦，畦宽1米，这样便于管理。

樱桃萝卜一般采用条播方式。株距3厘米左右，行距10厘米左右，每平方米用种量1克。不宜种植过密，因过密会导致光照不足，叶柄变长，叶色淡，长势弱，下部的叶片黄化脱落，肉质根不易膨大。种子既可预先浸种催芽，也可直播。浸种催芽用30℃温水浸泡4～5小时，捞出后用纱布包好，放在20℃条件下催芽，当幼根突破种皮时即可播种。直播时，需先开沟撒种子，覆土后踏实，再浇足水。

樱桃萝卜的管理比较简单。当子叶展开时进行第一次间苗，留下子叶正常、生长健壮的苗，其余的均间去。当真叶长到3～4片时进行定苗。在樱桃萝卜生长期间要特别注意保持土壤湿润，不可过干或过湿，浇水要均衡。若土壤水分不足，不仅肉质根瘦小，还会出现须根增加、外皮粗糙、味辣、空心等，影响其产量及品质。水分过多或忽干忽湿，易造成肉质根开裂。若幼苗长势不良，有缺肥症状，可随水冲施少量速效氮肥。由于樱桃萝卜的植株较小，要及时进行中耕除草，保持表土疏松，增加表土的通气性，促进根系对营养成分的吸收。特别是秋季栽培，幼苗正值高温多雨季节，杂草生长旺盛，更应加强中耕除草。樱桃萝卜具有较强的抗寒性，但不耐热。当环境温度超过 25℃时，则表现出生长不良，同时植株易发生病虫害，主要有病毒病和蚜虫，要注意及时防治。

樱桃萝卜的生育期一般为 30 天左右，当肉质根美观鲜艳、直径达到 2 厘米时即可收获。

八、木耳菜种植技术

木耳菜属落葵科 1 年生藤蔓植物，其叶片肥厚、富有弹性，口感好，滑溜味美，酷似木耳，因此得名木耳菜。

直播采食幼苗的每米^2 用种 10 克，撒播。为便于出苗，种子可于播前浸泡 1～2 天，在 30℃左右温度条件下催芽。播后 40 天左右、苗高 10～15 厘米即可采收。

移栽木耳菜要做好苗床，播干籽。在 28℃左右适温下 3～5 天出苗，如地温偏低应催芽后播种。苗期控制适当低温，4～5 片真叶时定植。采收嫩梢的行距 20～25 厘米、株距 15～20 厘米；搭架采收嫩叶的行距 60 厘米、株距 25～35 厘米，每平方米保苗 50 株。

宜选用优质、高产、抗病的红梗木耳菜、青梗木耳菜等优良木耳菜品种。

以采食嫩梢为主的，在苗高 30～35 厘米时留基部 3～4 片叶，收割嫩头梢，留 2 个健壮侧芽成梢。收割二道梢时，留 2～4 个侧芽成梢，在生长旺盛期，每株留 5～8 个健壮侧芽成梢。到中后期

要及时抹去花茎幼蕾，到后期生长衰弱，留 1～2 个健壮侧梢，以利叶片肥大。

以采食叶片为目的的要搭架栽培，在苗高 30 厘米左右时，搭“人”字形架引蔓上架，除留主蔓外，再在基部留 2 条健壮侧蔓组成骨干蔓。骨干蔓长到架顶时摘心，摘心后再从各骨干蔓留 1 个健壮侧芽。骨干蔓在叶采完后剪下架。上架时及每次采收后都要培土，也可以不整枝搭架采收嫩梢。

直播出苗后或移栽定植缓苗后及生长期间，要及时中耕除草，防止杂草争夺养分。

基肥以农家腐熟堆厩肥、畜禽肥为好。追肥以腐熟人畜粪肥或尿素溶水施用。出苗后，要保持土壤湿润，适时浇水。

木耳菜常发生的病害是褐斑病，发生初期可喷 72%霜脲·锰锌可湿性粉剂 500～600 倍液，或 68.75%噁酮·锰锌水分散粒剂 800～1 000 倍液防治。若发生斜纹夜蛾危害，发现较多嫩叶尖有小眼，可用菊酯类杀虫剂在害虫一至二龄时喷洒 1 次。连作木耳菜也可发生根结线虫病，实行换茬轮作可减少或避免该病的发生。

直播的有 4～5 片真叶时即可陆续间拔幼苗食用。以采嫩梢为主的，当苗高 30～35 厘米时基部留 2 片真叶用剪刀剪下，萌发的侧枝有 5～6 片真叶时再按上法采收。以采嫩叶为主的前期 15～20 天采收 1 次，生长中期 10～15 天采收 1 次，后期 7～10 天采收 1 次，采收的叶片应充分展开且尚未变老，叶片肥厚。

九、荆芥种植技术

荆芥别名香芥、假苏，以带花穗的全草入药，具有解毒、散风、透疹、止血的功效。荆芥喜温暖潮湿、阳光充足的环境，对土壤要求不严。对选好的地块深耕 25 厘米以上，然后耙平整细，结合整地施入适量的有机肥作基肥，每平方米可施腐熟厩肥或堆肥 1～2 千克，翻入土中。整地后的土壤一定要细碎松软，以提高细小种子

的出芽率。

荆芥播种分条播和撒播，以条播为好，便于管理。选择晴天在整好的地上做畦，畦宽 1.3 米左右，四周开好排水沟，再在畦面上横向开浅沟，沟距为 26～33 厘米，沟深约 2 厘米。然后将种子（注意播前要将种子翻晒 1 次，除去杂质；播种时最好将种子与灶灰混合成种子灰）均匀播入沟内，覆土厚 1 厘米左右，以不见种子为度。若土壤干燥，播后可适量浇水，保持湿润，7～10 天即可发芽。

在苗高 5～10 厘米时，结合间苗或定苗进行浅松表土和拔除杂草；播后 1 个月封行，封行后不再中耕，可见草拔除。

以腐熟无害化农家肥为主。第一次在苗高 10 厘米左右时每平方米可追施农家肥 2～3 千克，第二次在苗高 20 厘米时每平方米可施入农家肥 3～4 千克；以后看苗的生长情况可将适当的农家肥与灶灰、饼肥混合的复合肥施入行间。

苗期要保持土壤湿润，遇干旱要及时浇水，雨季要及时疏沟排水。

病害有根腐病和茎枯病，危害根茎，防治方法：发病初期可用适量的 50%硫菌灵可湿性粉剂 1 000 倍液，或 50%多菌灵可湿性粉剂 800～1 000为倍液进行防治，每 7～10 天喷 1 次，连续喷 2 次。

虫害主要是地老虎、银纹夜蛾等，危害根和叶。防治方法：用适量的 90%晶体敌百虫 1 000 倍液喷杀，或采用生物防治。

十、扁豆种植技术

扁豆别名藊豆、蛾眉豆，为豆科植物。扁豆喜温暖，耐高温（能耐 35℃左右高温），喜光，耐干旱，对土适应性广，喜排水良好、肥沃的沙质土壤或壤土。扁豆一般春、秋季种植。不适宜在朝北的阳台种植。播前将表土搂平，用铲子挖一个深 2 厘米、直径 15 厘米的坑，将选择好的健康种子均匀地撒播在坑里，使种子间保持

2～3 厘米的距离，覆土，浇足水。在种子发芽前保持盆土湿润。当植株长出 3 片主叶时，保留长势健壮的植株，把长势弱的植株剪掉。扁豆分带蔓和不带蔓的品种。带蔓的品种，在蔓长 35 厘米左右时搭“人”字形架，引蔓上架。用麻绳将蔓与木棍绑在一起，不要绑得太紧，要适当宽松，可缠成“8”字形。不带蔓的不需要搭支架。对于不带蔓的品种，当株高 50 厘米时，留 40 厘米摘心，使其生侧枝，当侧枝的叶腋生出次侧枝后再行摘心，连续 4 次。采收后，见生出嫩枝仍可继续摘心。使植株呈丛生状。扁豆不喜欢酸性土壤。也要避免施肥过多，可在结果期追施三元复合肥 2 次。开花半个月左右就可以采收了。如果采收晚了，扁豆会变硬，品质下降。

第四章 阳台和窗台菜园种植技术

第一节 阳台菜园种植、施肥及病虫害防治原则

阳台主要是指城镇居民家庭楼房阳台，空间很小，没有土壤。根据阳台朝向可分为朝南、朝北、朝东、朝西方向阳台。阳台上种菜在绿化阳台的同时，又有一定的经济效益，更重要的是主人在享受种菜的闲情逸趣后还能吃到新鲜放心的蔬菜。

一、阳台菜园种植原则

阳台一般可以种植各类蔬菜。在阳台通常采用无土栽培的方式或使用容器进行土栽蔬菜。无土栽培又可分为水培和基质培。

二、阳台菜园施肥原则

利用容器进行土栽蔬菜时，施肥要施充分腐熟的农家有机肥，避免家中有异味。

三、阳台菜园病虫害防治原则

阳台一般利用纱窗与外界隔开，发生虫害较少。因阳台与室内相通，如阳台种植蔬菜发生病虫害，则提倡利用人工捉虫的方式进行病虫害防治。有些病虫害发生后必须使用农药时，一定要使用无公害农药进行防治。

第二节　阳台菜园种植规划

阳台的朝向分为朝南、朝北、朝东、朝西方向。阳台的朝向决定了阳台蔬菜的采光、通风、保温的性能，进而决定了所能栽培的蔬菜品种。在阳台上种植蔬菜，需要借助栽培容器，或用混合有机土，或用无土栽培方式栽培蔬菜。在栽培的过程中注意利用蔬菜病虫害的综合防治技术来防治蔬菜病虫害，如果发生病虫害，最好用无公害农药，减少农药的残留与危害。

朝南的家庭阳台阳光充足、通风良好，是最理想的种菜阳台，一般蔬菜一年四季均可种植，如黄瓜、苦瓜、番茄、菜豆、金针菜、番杏、芥菜、西葫芦、青椒、莴苣、韭菜等。此外，莲藕、荸荠、菱角等水生蔬菜也适宜在朝南的阳台种植。夏季高温季节要防止太阳长时间直射，预防蔬菜发生灼伤。一般可在上午 11 时至下午 3 时使用遮阳网搭建荫棚，或移到阴凉处。冬季朝南阳台大部分地方都能受到阳光直射，再搭起简易保温设备，利用家庭的暖气、空调也可以给冬季生产蔬菜创造一个良好的生长环境。

朝北阳台或光线不好的阳台由于受到光照条件的限制，应选择喜阴或耐阴的蔬菜种植，如莴苣、韭菜、芦笋、香椿、蒲公英、蕹菜、木耳菜等。

朝东、朝西阳台适宜种植喜光蔬菜，但朝西阳台夏季西晒时温度较高，使某些蔬菜发生日灼病，轻者落叶，重者死亡。朝西阳台可种植蔓性耐高温的蔬菜，如芸豆、豆角、丝瓜、苦瓜等。

第三节 阳台蔬菜种植的基本知识

一、阳台蔬菜的种植方式

(一)营养土盆栽种植

利用农家肥、复合肥、菜园土混合作营养土,在花盆中种植,其特点是保水保肥能力强,肥力持久。

(二)基质种植

基质种植就是利用草炭、蛭石、珍珠岩、岩棉、农业有机下脚料的腐熟物等材料代替土壤进行蔬菜种植的方式。其特点是质地较轻,易移动,持水能力强,种植技术比土壤盆栽种植要求高,需人为措施调节水、土、肥条件,满足蔬菜生长需求。

(三)水 培

水培又称养液栽培,为无土栽培的方式之一。其特点是完全不需要土壤,而是将植物生长所需的各种养分,依其需要量调配成营养液,供作物吸收利用。水培由于不接触土壤,病虫害减少,栽培过程可节省农药费用,而且肥料利用率高,缩短生育期,增加收获次数,提高产品品质与产量。但是,水培所需的设备较为复杂,基础投入较大。有条件的家庭可在阳台设置专用的水培设施种植,如水培管道、水培箱等。

二、阳台种菜容器的选择

(一)土栽容器

一般情况下,容器越大,栽培蔬菜越容易,但是太大的容器放了土之后,移动不方便,所以要选择大小合适的容器。家里各种大小的容器只要装土后不散架的都可以用。小到一次性口杯、各种瓶瓶罐罐,大到泡沫箱子、木箱、铁桶、结实的塑料袋、布袋等。对于土栽来讲，无论使用什么容器在种植前都要人工钻一些排水孔，孔的大小、数量根据容器的大小来定。

(二)无土栽培容器

无土栽培一般可使用PVC管道、泡沫箱、塑料桶、不锈钢箱体等容器进行栽培蔬菜。一般还要使用水泵、时间控制仪等实现自动供水供液。

三、营养液栽培特点

营养液是把蔬菜所需要的营养元素的化合物溶解于水中配制的液体。营养液是无土栽培的核心，不同作物要求不同的营养液配方。最初的营养液配方源于土壤浸泡提取液的化学成分分析。

营养液中一般要求所含的营养元素要全面，足够蔬菜生长发育的需要。营养液一般含有大量元素和中微量元素。常用的有硝酸钾、硝酸钙、磷酸铵、硫酸镁、氯化铁、碘化钾、硼酸、硫酸锌、硫酸锰等。

可以使用以下营养液配方种植蔬菜：

每1 000升水中加入236克四水硝酸钙，404克硝酸钾，57克磷酸二氢铵，123克七水硫酸镁，13.9克七水硫酸亚铁，18.6克乙二胺四乙酸二钠，2.86克硼酸，2.13克四水硫酸锰，0.22克七水硫酸锌，0.06克五水硫酸铜和0.02克钼酸铵。

配制营养液时，忌用金属容器，更不能用它来存放营养液，最好使用玻璃、搪瓷、陶瓷器皿。

在配制时最好先用50℃的少量温水将各种无机盐类分别溶化，然后按照配方中所开列的物品顺序倒入装有相当于所定容量75%的水中，边倒边搅拌，最后将水加到足量。

配好营养液以后一般要进行pH值调整，pH值调整为中性，有利于蔬菜吸收更全面的营养成分。

四、无土栽培特点

无土栽培与常规栽培的区别，就是不用土壤，直接用营养液来栽培植物。采用无土栽培的方式种菜可以有效地控制蔬菜在生长发育过程中对温度、水分、光照、养分和空气的最佳需求。在种植的过程中可以实现供水供液的自动化控制，节省肥水，减少人工操作，节省劳力和费用。在阳台上采用无土栽培技术种菜干净卫生，减少异味，种植的蔬菜安全、新鲜。使用花盆、PVC管道栽培蔬菜还能美化家庭环境，增添生活情趣。

无土栽培一般采用育苗盘育苗，以蛭石作为育苗基质，将蛭石装入育苗盘，用手轻压并摊平基质，用水浇透蛭石，将蔬菜种子均匀撒播于蛭石表面，上面覆盖蛭石，覆盖厚度为1～3厘米，用地膜覆盖以保湿，2～3天出苗。幼苗2叶1心时分苗，选健壮无病植株洗净根部残留基质，插入定植杯里，定植杯中需塞一些水海草固定植株后再放入分苗栽培板的定植孔中。分苗定植板可由栽培定植板通过打孔增加定植孔的密度而制成。分苗定植板定植孔的密度为5厘米×5厘米。分苗时营养液采用1/4剂量的标准配方营养液，杯底要浸入营养液中。幼苗4片真叶时定植，定植时营养液采用标准配方营养液。定植时每个定植杯定植1株。

第四节　窗台菜园种植要点

一、窗台菜园种植、施肥及病虫害防治原则

窗台主要是指城镇居民家庭楼房房间内的飘窗，或指阳台外延部分。空间很小，没有土壤。

(一)种植原则

因窗台空间受限,窗台一般种植株型较小的蔬菜种类,如观赏辣椒、观赏番茄、小白菜和生菜等。

(二)施肥原则

大部分窗台直接与室内相连,种植蔬菜时考虑使用无土栽培的方式种植蔬菜,如果采用营养土盆栽的方式种植蔬菜,在施用农家肥时一定要选择充分腐熟的农家肥,以免室内有异味。

(三)病虫害防治原则

窗台种植蔬菜发生虫害,可采用人工捕捉的方式防治,发生病害可以使用无公害农药防治。

二、窗台菜园种植规划

阳台外延部分的窗台适宜种植盆栽蔬菜,盆底要放盆碟,防止浇水后水溢流到楼下。种植盆要放稳,防止盆体滑落到楼下,造成安全事故。房间内的飘窗可种植一些无土栽培蔬菜,数量不应多,但花色可适当多样、鲜艳。

在窗台适合种植的蔬菜品种:生菜、油麦菜、小白菜、韭菜、矮化番茄、香菜、荆芥、萝卜、莴苣、观赏番茄、观赏辣椒和马齿苋等。

第五节　阳台和窗台蔬菜种植技术

一、矮化番茄盆栽技术

矮化番茄植株体较小,株型优雅,果色或红或黄,非常美观,且不易发生病虫害,适宜阳台盆栽。

全年均可播种育苗,选择抗病、抗逆性强、易坐果的矮化品种,如矮生红铃、矮生黄铃、盆栽红和多彩等。播种前将种子用55℃的温水浸烫30分钟后,自然降至常温,继续浸种4～6个小时后在

25℃～28℃的条件下催芽2～3天，催芽期间要注意每天用温水冲洗1次，把附在种子上的黏液冲掉，防止种子生霉腐烂。番茄籽露白芽时可播在直径为5厘米的营养钵中。基质原料采用草炭、蛭石、细沙、棉籽饼、炉渣、玉米秸粉等，任选其中3种按1∶1∶1的比例混合配制。每钵2粒种子，播后上覆细潮土0.8厘米厚，并覆盖一层薄膜，待出苗后撤除薄膜。夏季高温季节采用遮阳网或草苫降温，防止灼苗；冬季利用保护设施防止冻害。也可采用畦播育苗，待苗长到2叶1心时分苗入钵。在上盆前可适当喷洒0.5%磷酸二氢钾溶液，以增加秧苗营养，培育壮苗。喷洒代森锌、百菌清防苗期病害。

当秧苗有4～5片叶时即可上盆，选择28厘米×30厘米的花盆，一盆定植4棵，也可根据盆的大小确定定植株数。基质原料采用草炭、蛭石、细沙、菇渣、炉渣、玉米秸粉等，任选其中3种与大田土按1∶1∶1∶3的比例混合配制，每盆可掺100克膨化鸡粪、5粒三元复合肥以保证基质能够提供足够的营养。定植后浇透水。

缓苗后，夏季高温季节每天至少浇1次水，春秋季节2～3天浇1次水，冬季5天浇1次水。挂果前勤锄盆土，增加透气性，有利于根系发育。挂果后追施膨化鸡粪100克、5粒三元复合肥，适当喷洒0.5%磷酸二氢钾，以提供果实生长所需的营养。进入果实膨大期，需保持盆土湿润，但浇水要适量，不可浇水过多、过勤，以防沤根、叶片黄化、烂叶、落果。夏季可利用遮阳网覆盖，防止果实发生日灼。进入果实成熟期忌喷水，以防裂果。冬季注意防寒，防止冻害发生。

矮化番茄属于自封顶品种，节间极短，植株极度矮化，一般不用整枝、搭架。但如果植株体偏小，可在没有挂果或果没有膨大时打掉花蕾或果，让植株体继续生长，保留3～4个侧枝。如坐果偏多，可利用细钢筋焊的圆柱支撑(细钢筋漆成纯白色)。也可在盆中间插一个结实的竹棍做架，竹棍不要超出番茄高度，以免影响美

观。在整个生长过程中及时打掉基部的侧枝,发现基部老叶黄化时也应及时打掉,以利通风透光,减少养分消耗。矮化番茄一般不做造型处理,但可根据花盆形状做一些简单的整形处理,增强盆栽矮化番茄的观赏性。

冬季室内温度高、昼夜温差小,不利于番茄生长,夜间应放在温度相对较低的地方,使昼夜温差在5℃～10℃。一般室内空气干燥,要注意经常向叶面喷水,每周喷1次0.5%磷酸二氢钾或米醋100倍液,既可防虫、防病,又起到叶面追肥作用。

二、马齿苋盆栽技术

马齿苋,别名长命草、五行草、酸米菜、瓜子菜,属于马齿苋科马齿苋属中1年生草本植物,原产于温带、热带地区。在我国分布广泛。栽培容易,夏季生长快速,产量高,风味优美、营养丰富,每100克鲜嫩茎叶中含有蛋白质2.3克、脂肪0.5克、碳水化合物3克、粗纤维0.7克、胡萝卜素2.23毫克、维生素C 23毫克、钙85毫克、磷56毫克、烟酸0.7毫克。鲜嫩茎叶做汤、炒食、凉拌,风味独特。全株入药有解毒、消炎、利尿止痛的功效。

马齿苋种子细小,发芽温度20℃以上,最适温度25℃～30℃。春季终霜过后露地盆中直播,也可以在阳台上提早播种在盆中。播种方法采用撒播或条播。种子易掉入土壤孔隙中,播后只需轻耙表土,无须再行覆土。如土壤干燥,则用洒水壶略喷湿畦面即可。

马齿苋的茎生根能力很强,可利用茎段扦插,从提早栽种的盆中剪取茎段,栽植后浇水,放在屋中2～4天遮阴即可成活。

马齿苋属于须根系草本植物,株高30～35厘米,茎呈淡紫红色,主茎直径达0.9～1厘米,粗大,节间7～7.5厘米,平滑多肉呈圆柱状。叶多肉质,长倒卵形,全缘,圆头,无柄,叶对生、长1～2.5厘米、宽0.5～1.5厘米,绿褐色。喜高温高湿,耐旱耐涝,具

有向阳性，适应性强。种植土壤适用家园土，肥料以氮肥为主。生长期间，保持土壤湿润，这样马齿苋生长快，产量高。马齿苋几乎不发生病虫害，在家种的都是安全、放心菜。

当苗高15厘米左右时，开始采拔幼苗供食，使株距保持8厘米，让其他苗继续生长。播后25天左右，株高25厘米以上时，正式采收。采收时可直接用手掐取鲜嫩茎头，一般一次不完全采收，这样不至于采收时间间隔太长。收后1～2天不浇水，待新芽萌发后浇1次小水，并追施1次氮肥，每株5～10粒尿素。

马齿苋为1年生植物，每年进入6月份开花结果，如果不留种，可将茎顶花蕾部分去掉，促其长出新的分枝，增加产量。为了翌年继续种植，应适当留些花蕾，使其结果。种子自然落在盆里，翌年便可萌发生长，这样栽种1次，可连续生长几年，不必每年种植。

三、观赏辣椒盆栽技术

观赏辣椒株型优雅，果形奇特，果色绚丽，且不易发生病虫害，适宜盆栽观赏。盆栽观赏辣椒新奇，又能吃，又能看。在阳台种植盆栽观赏辣椒不但自己可以食用、欣赏，还可以送人，甚至在市场上销售。

观赏辣椒可以到专业育苗机构购买种苗，也可以自己在家育苗。观赏辣椒全年均可播种育苗，应选择分枝能力强、对光照要求不严格、抗病、抗逆性强、具有鲜艳色彩的品种，如彩女闹春、梦都莎、彩星、好时椒、火焰、葡萄椒、多彩、满天星、紫簇星、迷你鹰等。种子播前用50℃～55℃的水温汤浸种，并不停地搅拌，20分钟后取出种子，用清水再浸12～18小时，捞起后用干净的湿布包好，置于28℃～30℃处催芽3～4天，催芽期间要注意每天用温水冲洗1次，把附在种子上的黏液冲掉，防止种子生霉腐烂。待种子“露白”时即可播种在直径为5厘米的营养钵中。基质原料采用草炭、蛭

石、细沙、棉籽饼、炉渣、玉米秸粉等，任选其中3种按1∶1∶1的比例混合配制。每钵2粒种子，播后上覆厚度1～1.5厘米细潮土，并覆盖一层薄膜，待出苗后撤去薄膜。夏季高温季节采用遮阳网或草苫降温，防太阳直射，防止灼苗。冬季可利用家庭供暖设备保温，防冻害。2叶1心时定苗。在上盆前可适当喷洒0.5%磷酸二氢钾溶液，以增加秧苗营养，培育壮苗。喷洒代森锌、百菌清可防苗期病害。

幼苗长至17～20厘米高、具有6～8片真叶时即可上盆，选择36厘米×30厘米的花盆，一盆定植1棵健壮的苗。基质原料采用菇渣、缓释有机肥、大田土等，按1∶1∶1的比例混合配制，定植后浇透水。

缓苗后，夏季高温季节，每天至少浇水1次，春秋季节2～3天浇1次水，冬季5天浇1次水。挂果前勤锄盆土，增加透气性，有利于根系发育。在定植后到现蕾开花前的一段时期，防过度浇水，以提早结实。挂果后追施膨化鸡粪100克、5粒三元复合肥，适当喷洒0.5%磷酸二氢钾，以提供果实生长所需的营养。进入果实膨大期，需保持盆土湿润，但浇水要适量，不可浇水过多、过勤，以防沤根、叶片黄化、烂叶、落果。夏季可利用遮阳网覆盖，防止果实日灼。冬季注意防寒，防止冻害发生。

观赏辣椒的主要病害有青枯病、病毒病、炭疽病、疫病和灰霉病等，可用80%代森锰锌可湿性粉剂800倍液，或70%甲基硫菌灵可湿性粉剂1000倍液，或50%多菌灵可湿性粉剂1000倍液交替防治。虫害主要有棉铃虫、蚜虫、螨类和白粉虱等，可用20%氯氰菊酯乳油1500倍液，或50%抗蚜威可湿性粉剂3000倍液喷雾防治。

观赏辣椒一般不用整枝、搭架，但如果观赏辣椒植株体长势过强，结果偏多，可在盆中间插一个结实的竹棍做架，将观赏辣椒枝条绑在竹棍上，竹棍不要超出辣椒的高度，以免影响美观。在整个

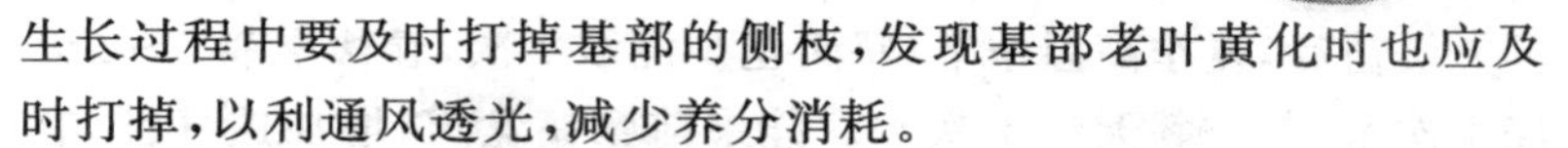

生长过程中要及时打掉基部的侧枝，发现基部老叶黄化时也应及时打掉，以利通风透光，减少养分消耗。

盆栽观赏辣椒种植数量多时可以在市场上出售，一般在挂果时即可销售。销售前应摘掉下部老叶和黄叶，让果实显露以增强美观。观赏期可达到 70 天。

盆栽观赏辣椒可放在家庭阳台、室内、办公桌上。一般室内空气干燥，要注意经常向叶面喷水，每周喷 1 次 0.5%磷酸二氢钾或米醋 100 倍液。放在办公桌上、室内的盆栽观赏辣椒应每 2～3 天晒 1 次太阳，有利于植株体生长。观赏后期可以摘掉已经转红的辣椒，及时食用，这样可以延长观赏期。

四、观赏茄子盆栽技术

观赏茄子全年均可播种育苗，应选择、抗病、抗逆性强、果形奇特的品种，如金银茄、非洲红茄、五角茄等。种子播前用 50℃～55℃的水温汤浸种，并不停地搅拌，30 分钟后取出种子，用清水再浸 24 小时。捞起后用干净的湿布包好，置于 30℃～32℃条件下，催芽 4～5 天。催芽期间要注意每天用温水冲洗 1 次，把附在种子上的黏液冲掉，防止种子生霉腐烂。待种子“露白”时即可播种在直径为 5 厘米的营养钵里。基质原料采用草炭、蛭石、细沙、棉籽饼、炉渣、玉米秸粉等，任选其中 3 种按 1∶1∶1 的比例混合配制。每钵 3～5 粒种子，播后上覆 2～3 厘米厚细潮土，并覆盖一层薄膜，待出苗后撤除薄膜。夏季高温季节采用遮阳网或草苫降温，防太阳直射，防止灼苗。冬季可利用家庭供暖设备保温，防冻害。2 叶 1 心时定苗。在上盆前可适当喷洒 0.5%磷酸二氢钾溶液，以增加秧苗营养，培育壮苗。喷洒代森锌、百菌清可防苗期病害。

观赏茄子 4～5 片真叶时即可上盆，选择 30 厘米×36 厘米的花盆，一盆定植 1 棵健壮的苗。基质原料采用菇渣、缓释有机肥、大田土，按 1∶1∶1 的比例混合配制，定植后浇透水。

缓苗后，夏季高温季节，每天至少浇水1次，春秋季节2～3天浇1次水，冬季5天浇1次水。挂果前勤锄盆土，增加透气性，有利于根系发育。在定植后到现蕾开花前的一段时期，要少施氮肥，防过度浇水，以提早结实。挂果后追施膨化鸡粪100克、5粒三元复合肥，适当喷洒0.5%磷酸二氢钾溶液，以提供果实生长所需的营养。进入果实膨大期，需保持盆土湿润，但浇水要适量，不可浇水过多、过勤，以防沤根、叶片黄化、烂叶、落果。夏季可利用遮阳网覆盖，防止果实日灼。冬季注意防寒，防止冻害发生。

观赏茄子一般不用整枝、搭架。但如果植株体长势过强，结果偏多，可在盆中间插一个结实的竹棍做架，将观赏茄子枝条绑在竹棍上，竹棍不要超出植株的高度，以免影响美观。在整个生长过程中及时打掉基部的侧枝，发现基部老叶黄化时也应及时打掉，以利通风透光，减少养分消耗。

盆栽观赏茄子可放在家庭阳台、室内、办公桌上。一般室内空气干燥，要注意经常向叶面喷水，每周喷1次0.5%磷酸二氢钾或米醋100倍液。

五、紫背天葵盆栽技术

紫背天葵也称红背菜、观音苋、血皮菜、水前寺菜、天青地红、红蓊、双色三七草、地黄菜、脚目草、红凤菜、红番苋、红毛番、叶下红、红玉菜等，为菊科土三七属多年生宿根草本。紫背天葵以嫩梢和嫩叶供食，营养成分全面，尤其是矿质营养特别丰富，适宜儿童和老人食用。每100克食用部分含纤维素0.88克、糖类2.49克、蛋白质1.98克、脂肪0.46克、维生素C 23.9克、铁3.03毫克、锰8.13毫克，还含有黄酮苷。有治疗咯血、痛经、气血亏损、盆腔炎的功效。

紫背天葵的茎节部易生不定根，目前多采用扦插繁殖育苗。在无霜冻的地方，周年可以繁殖，以春、秋两季容易生根。春、秋季从健壮的母株上剪取 6～8 厘米长的顶芽(若顶芽很长,可再剪成 1～2 段),每段带 3～5 片叶,摘去枝条基部 1～2 片叶,插于苗床上。插条应斜插,以利生根。可用土壤或细沙加草灰作苗床,也可直接扦插在 13 厘米×15 厘米的营养钵中,基质原料采用草炭、蛭石、细沙、棉籽饼、炉渣、玉米秸粉等,任选其中 3 种按 1∶1∶1 的比例混合配制。扦插株距为 6～10 厘米,枝条入土约 2/3,浇透水、盖上塑料薄膜保温保湿,经常浇水,经 10～15 天即成活。

成活后 7～10 天即可上盆,基质原料采用菇渣、缓释有机肥、大田土,按 1∶1∶1 的比例混合配制。上盆后及时浇透水,缓苗后剪掉长势比较强的枝条,以利于基部发出更多的枝条。

紫背天葵很少有病虫害的发生。新发嫩枝条 15 厘米时及时采摘食用。每采收 1 次可以再追施 1 次肥,每盆追施三元复合肥 8～10 粒。

六、地肤盆栽技术

地肤又叫扫帚苗,藜科地肤属 1 年生草本植物,叶形美观,株型优雅,嫩茎蒸食,美味可口。

地肤一般 3 月底至 4 月初播种。可采用苗床或营养钵育苗。选择阳光充足、空气流通、排水良好的地方种植,要清除杂物,苗床整平耙细,同时施以腐熟而细碎的堆肥或厩肥作为基肥,再将床面耙平耙细。播种前将苗床充分浇水,待水完全渗入土中后,将种子拌少量细沙均匀地撒在苗床上,然后用 0.3 厘米孔径的筛子筛过的土,均匀地覆盖在上面,厚度为种子厚度的 2～3 倍,以看不见种子为宜。最后在床面上均匀地盖一层稻草,以减少土壤水分的蒸发散失,较长时间保持土壤的湿润状态。种子出苗前,表土变干,应及时浇水,浇水时将水浇在稻草上,防止种子被冲。待种子出芽后,应及时撤去稻草,防止幼苗因光线不足而出现徒长。地肤出苗后 25～30 天即可分到 8 厘米×10 厘米的小营养钵里,在移苗的

过程中注意不要伤根，因地肤是直根性的植物，伤根不容易成活。每个营养钵1株，栽后要浇透水，使用遮光率为70％的遮阳网覆盖，3～5天后即可缓苗。缓苗后逐渐见光，晴天上午10时至下午3时盖上遮阳网，其余时间揭开，连续4～5天即可完全去掉遮阳网。

地肤有4～5个分枝时即可定植到28厘米×33厘米的花盆里，一盆一株，使用菇渣、缓释有机肥、大田土，按1∶1∶1的比例来配制栽培基质。8个分枝时即可移入庭园、阳台、室内养护观赏。地肤喜阳光，在阳台、室内养护时，一定要注意经常晒太阳，保持空气流通，否则地肤嫩新梢容易黄化、枯萎。地肤在生长观赏期一般不用追肥，虫害主要防治蚜虫。

七、菊花脑盆栽技术

菊花脑又名菊花叶、菊花菜、菊花郎、路边黄、黄菊仔等，形态与野菊花相似，系菊科菊属多年生宿根性草本植物，原产于我国。以嫩梢、嫩叶为食用部位，其枝繁叶茂，绿色宜人，秋天开小黄花，清香四逸，口感细腻，叶色翠绿，适于盆栽种植。可采用直播和扦插繁殖。

3月下旬至4月上旬播种，播前花盆营养土浇透水，播后覆盖一层细土，再盖塑料膜，保温保湿，促进出苗。当幼苗长到具2～3片真叶时间苗，株距保持8厘米。

在春季挖出越冬植株，分为数株，分别栽植，栽后及时浇水，促进成活。这种方法植株生长快，简便易行。

扦插繁殖在生长季节均可进行，但在5～6月份扦插成活率最高。取菊花脑嫩梢（长5～6厘米），摘去基部2～3片叶，插入苗床，入土1/2。插后保持土壤湿润，一般半个月即可成活。

盆栽菊花脑应定植在外观好看、质地轻、透水、透气好的花盆。若在阳台内摆放，花盆应带有底碟，防止浇水时渗出影响阳台卫生，花盆不可过小，否则所盛的营养土不能供给足够的养分。虽然菊花脑对土壤的适应性强，耐瘠薄，不择土质，但由于菊花脑生长期长，利用花盆栽培，营养基质宜选用菇渣、缓释有机肥。

菊花脑对水分的要求比较严格，生长期需保持充足的水分供应，尤其在高温季节要经常浇水。菊花脑对光照要求不严格，在强光照条件下生长品质差，所以盛夏季节宜采取遮光措施或移到北阳台种植。

菊花脑抗病性强，病虫害很少发生，但阳台栽培有时也会出现叶斑病、白粉病和蚜虫，其防治方法如下。

叶斑病：受害叶片呈现暗褐色斑点，后逐渐扩大，导致叶片早期脱落，可用波尔多液防治。

白粉病：受害叶片初生白色粉状病斑，后逐渐扩大后连成一片，叶片变形，植株停止生长。可用三唑酮可湿性粉剂防治。

蚜虫：封闭阳台纱窗隔离，可用黄板诱蚜。药剂防治，可用3%啶虫脒乳油 1 500 倍液，或 50%抗蚜威可湿性粉剂 2 000 倍液防治。

八、西葫芦盆栽技术

西葫芦选用短蔓生的品种，以春秋两季栽培为宜。

3 月中旬采用营养钵育苗，选择饱满、无病虫害的种子先用55℃温水烫种，催芽时使水温降至 30℃，浸种 8～10 小时，而后在30℃条件下催芽 24 小时。催芽时使用纱布包裹种子，温度控制在28℃～30℃，每天用温水冲洗种子上面的黏液，以防种子霉变。当有 50%以上种子萌芽时，即可播种。播种后覆盖地膜和小拱棚，保温保湿。幼苗破土后，撤去覆盖物，适当降温，特别是夜温。温度白天保持 23℃～25℃，夜间保持 11℃～13℃，以防徒长。

苗期要保持充足的光照，光照时间保持 10 小时左右，有利于雌花分化。温度采用变温管理方式进行。即晴天白天保持

23℃～28℃，夜间保持13℃～15℃；阴天白天保持20℃～30℃，夜间可降至11℃～12℃，昼夜温差10℃～15℃。上盆前7～10天，适当炼苗。

一般苗龄25～35天。标准壮苗的外观是：株高10～18厘米，植株粗壮，子叶肥厚、平展，真叶3～5片，叶色浓绿，根系发达，全株无病虫害。

选择38厘米×40厘米的花盆，栽培基质选用菇渣、缓释有机肥和田园土，按1∶1∶1比例混合。栽后浇透水。缓苗后要注意夜间通风，增加昼夜温差。

盛夏持续强光、高温时期，必要时每天浇水2次，对植株实施遮阳处理。通常在盛夏期植株生长不良，宜分为春秋两季栽培。

要及时进行植株调整，及时去除老叶、病叶，及时掐尖、打杈。为了防止落果现象发生，生产上常采用人工授粉和植物生长调节剂处理等方法。一般在上午6～9时进行人工授粉或用20～30毫克/千克防落素溶液蘸雌花的柱头。

西葫芦在较低温度(20℃以下)和高温环境下易发病，如白粉病、灰霉病、绵腐病、炭疽病、黑星病、枯萎病、角斑病、病毒病以及苗期立枯病和猝倒病等，可选用生物农药2%嘧啶核苷类抗菌素水剂200倍液，加70%甲基硫菌灵可湿性粉剂1 000～4 500倍液灌根或叶面喷施。注意防治瓜蚜、红蜘蛛、白粉虱、蛴象、黄守瓜、瓜亮蓟马、潜叶蝇和瓜绢螟等害虫。

九、救心菜盆栽技术

救心菜又叫费菜、养心草、回生草、景天三七，蔷薇目景天科多年生草本植物。

救心菜叶片宽厚翠绿，茎秆嫩黄呈节状，酷似笋尖，成熟时开艳丽的黄花。救心菜株高25～30厘米，分蘖能力极强，花期7～8月份，果实成熟期8～9月份，耐阴、耐旱，极少发生病虫害，不用施农药，属无公害保健特菜品。救心菜营养丰富，富含蛋白质、脂肪、碳水化合物、粗纤维和胡萝卜素、维生素 B_1、维生素 B_2、维生素 C 及烟酸、钙、磷、铁等多种人体所需物质；更含有生物碱、齐墩果酸、谷甾醇、黄酮类、景天庚糖、果糖、蔗糖和有机酸等药用成分。《名贵中药谱》、《现代中药临床手册》等中医论著认为，救心菜有降血压血脂、活血化瘀、益气强心和宁心平肝、清热凉血的功能，并有减低苯丙胺的毒性和扩张冠状动脉的作用，同时对吐血、咯血、烦躁失眠、惊悸癔症也有较好的疗效，外用有消肿止血的效果。救心菜可凉拌、热炒、炖菜、烧汤、涮火锅和泡茶等鲜用，食用时口感清香嫩滑。

救心菜种子细小，育苗难度大，成功率低，一般采用扦插育苗。剪取枝条 5～8 厘米，基部叶片去掉，扦插入土 2～3 厘米，浇 1 次透水，搭小拱棚，覆盖遮阳网 5～7 天，每天下午 5 时后除去遮阳网，上午 9 时盖上。一般 7～10 天生根成活，20～30 天即可移栽定植。

营养基质可选用菇渣、缓释有机肥，花盆选用 25 厘米×28 厘米规格，每盆可定植 2～3 株，定植后浇透水。

救心菜嫩枝生长 10～15 厘米时，即可在齐根部割掉，从根部新发的嫩枝整齐，株型美观。救心菜需水量较大，夏、秋季要经常浇水。因救心菜有一定的食疗价值，家庭养护时，可在不影响观赏效果的情况下割取嫩枝食用或晒干饮用。

十、香薄荷盆栽技术

香薄荷又名蕃荷菜、升阳菜，唇形科多年生草本。株高 10～100 厘米，全株具有浓烈的清凉香味。薄荷有疏风散热、开胃的作用。对于伤风感冒、哮喘、急性眼结膜炎、咽痛等病症有良好的疗效。薄荷的嫩茎叶含有 B 族维生素、维生素 C、胡萝卜素、薄荷酮及多种游离氨基酸。

香薄荷播种直接采用根状茎，种根挖出后应立即播种到花盆中，若不及时播种，堆放或贮藏时间过长，种根易发热霉烂变黑，失去发芽能力。

香薄荷种根宜选用整条播种，因种根顶端上的芽具有生长优势，而节上的芽相应地会受到抑制而不萌发。采用整条播种，养分供给充足，出苗壮而有力。

播种量根据花盆的大小决定，播种密度要适中。营养基质选用菇渣、缓释有机肥和沤制农家肥，配比为5∶0.5∶3。薄荷播种后应适当镇压，并及时浇水。

香薄荷地上茎叶长到8～10厘米时及时摘心，摘心可以促进植株分杈，增加枝条数，增加观赏性。摘心一般以摘掉顶端两对幼叶为宜，摘心宜选在晴天进行，摘心后伤口可迅速愈合，防止病菌侵染。摘心时间应依密度而定。定植较稀的，应早摘心，以促进侧枝早发；定植较密的可适当晚摘心。香薄荷主茎高15～20厘米时，即可采嫩尖食用。

十一、生菜水培技术

生菜品种选用意大利结球生菜。

采用育苗盘育苗，蛭石作为育苗基质，将蛭石装入育苗盘，用手轻压并摊平，用水浇透，将蔬菜种子均匀撒播于蛭石表面，上面再覆盖蛭石，用地膜覆盖。生菜种子覆盖厚度为1～1.5厘米厚，2～3天出苗。

幼苗2片真叶时分苗，选健壮无病植株洗净根部残留基质，插入定植杯里，定植杯中需塞一些水海草固定植株后再放入分苗栽培板的定植孔中。分苗定植板可由栽培定植板通过打孔增加定植孔的密度制成。也可用自制栽培床分苗，床体由泡沫板制成，床体规格为长100厘米、宽66厘米、高17厘米，里面铺一层厚0.15毫米、宽1.45米的塑料薄膜，分苗定植板定植孔的密度为5厘米×5

厘米。

分苗时营养液采用1/4剂量的标准配方营养液，杯底要浸入营养液中。幼苗4片真叶时定植，定植时营养液采用标准配方营养液。每个定植杯定植1棵生菜。

生菜阳台水培可以使用“家庭式蔬菜水培箱”。家庭式蔬菜水培箱为国家实用新型专利，专利号：200720092232. x，该水培箱箱体和定植板均由泡沫板一次压制而成，规格为40厘米×50厘米，高15厘米，定植板有12个定植孔，定植板与水培箱接触处有一透气孔，既可有效预防青苔的发生，又可增加营养液的溶氧量。

营养液可选用上海孙桥农业技术有限公司生产的无土栽培营养液肥，或自制营养液。自制营养液配方如下：每1 000升水中加入236克四水硝酸钙，404克硝酸钾，57克磷酸二氢铵，123克七水硫酸镁，13. 9克七水硫酸亚铁，18. 6克乙二胺四乙酸二钠，2. 86克硼酸，2. 13克四水硫酸锰，0. 22克七水硫酸锌，0. 06克五水硫酸铜和0. 02克钼酸铵。

家庭阳台是封闭的，窗户有纱网，可有效预防虫害的发生。

生菜基本无病害发生，主要虫害就是蚜虫。

生菜定植后25～30天即可采收。

十二、苦苣水培技术

苦苣又名苦菜，是菊科苦苣属1～2年生草本植物。苦苣中含有丰富的钾、钙、镁、磷、钠、铁等元素，性寒、味苦，具有清肺止咳、益肝利尿、消食和健胃作用；食用其嫩叶部分，可凉拌、做汤或爆炒。

水培苦苣可选择抗逆性强、适应性广、产量高、品质优、株型好的苦苣品种，如美国大苦苣、细叶苦苣、宽叶苦苣、花叶苦苣等。

采用育苗盘育苗，蛭石作为育苗基质，将蛭石装入育苗盘，用手轻压并摊平，用水浇透。将苦苣种子均匀撒播于蛭石表面，上面再覆盖厚度为1～1.5厘米的蛭石，用地膜覆盖以保湿。2～3天出苗。

幼苗2叶1心时分苗，选健壮无病植株洗净根部残留基质，插入定植杯里，定植杯中需塞一些水海草固定植株后再放入分苗栽培板的定植孔中。分苗定植板可由栽培定植板通过打孔增加定植孔的密度而成。分苗定植板定植孔的密度为5厘米×5厘米。

分苗时营养液采用1/4剂量的标准配方营养液，杯底要浸入营养液中。幼苗4片真叶时定植，定植时营养液采用标准配方营养液。定植时每个定植杯定植1株。

营养液可选用上海孙桥农业技术有限公司生产的无土栽培叶菜类专用营养液肥，或自制营养液，其配方同本章第十一节生菜水培技术。

苦苣喜冷凉，适宜温度范围在10℃～25℃，最适温度为15℃～18℃。管理上夏秋季节应注意降温，冬季保温。苦苣菜病虫害发生较轻，虫害主要有蚜虫，病害主要霜霉病、软腐病等。其防治方法如下。

蚜虫：每10米^{2}放置1个黄色防蚜板，可有效防治蚜虫。蚜虫危害较重时可用10%吡虫啉可湿性粉剂2 000倍液喷雾。

霜霉病：发病初期选用72%霜脲·锰锌可湿性粉剂700倍液，或72.2%霜霉威水剂800倍液喷雾。

软腐病：使用72%硫酸链霉素可溶性粉剂4 000倍液，或3%中生菌素可湿性粉剂500倍液喷雾。

十三、韭菜水培技术

(一)韭菜育苗

使用基质育韭菜苗，基质采用草炭土、蛭石、珍珠岩，比例为2∶2∶1。韭菜种子先进行浸泡催芽，即用55℃温水烫种，自然冷凉后浸泡12小时。播种时先将基质铺平打湿后，将种子均匀撒在畦

面上，然后再覆盖2厘米厚的蛭石，上面覆盖一层薄膜，7～10天出齐苗，出苗后要及时揭去薄膜。

（二）苗期管理

韭菜出苗后要在苗畦生长3～5个月，因苗畦栽培基质使用的是草炭土、蛭石、珍珠岩，提供养分不足，需要在韭菜苗期生长时添加营养液，可使用0.2%磷酸二氢钾溶液进行叶面追肥，每7天追1次，浇水时可使用叶菜水培专用营养液浓度的1/2进行浇水。冬季育苗可在苗畦加盖小拱棚，有利于韭菜苗粗壮；夏季育苗应放风降温。

（三）水培生根

韭菜苗在苗畦生长3～5个月后，要进行水培生根。方法是：连根起韭菜苗，用剪刀剪去上部的叶片和底部的须根。用水洗净韭菜根部基质，顺着定植杯的定植孔插入定植杯中，在韭菜茎基部使用水草或海绵固定韭菜，以防韭菜整株滑落到营养液中。每个定植杯中定植韭菜苗3～5棵。分苗定植板可使用泡沫板或挤塑板，分苗密度为5厘米×5厘米。

分苗时营养液采用1/4～1/2剂量的标准配方营养液，韭菜根部要浸入营养液中，5～7天即可长出新根。

（四）水培韭菜

韭菜在水培育苗畦里生长20～25天后即可定植。定植时营养液采用叶菜类标准配方营养液。配好营养液后要把营养液的pH值调至6.5～7。栽培床可使用泡沫板制成，宽60厘米、高17厘米，底部铺一层塑料薄膜，以防漏水，定植间距为8厘米×10厘米。

水培韭菜基本上无病虫害，生产出的韭菜绿色新鲜。

十四、蕹菜水培技术

蕹菜品种选用大叶蕹菜或小叶蕹菜品种。

(一)蕹菜育苗

采用育苗盘育苗，蛭石作为育苗基质，将蛭石装入育苗盘，用手轻压并摊平，用水浇透。将蕹菜种子均匀撒播于蛭石表面，上面覆盖蛭石，覆盖厚度为2～2.5厘米，用地膜覆盖，3～5天出苗。

(二)分苗与定植

幼苗2片真叶时分苗，选健壮无病植株洗净根部残留基质，插入定植杯里，定植杯中需塞一些水海草固定植株后再放入分苗栽培板的定植孔中。分苗定植板可由栽培定植板通过打孔增加定植孔的密度制成。

分苗时营养液采用1/4剂量的标准配方营养液，杯底要浸入营养液中。幼苗4片真叶时定植，定植时营养液采用标准配方营养液。每个定植孔定植1棵。

(三)营 养 液

营养液可选用上海孙桥农业技术有限公司生产的无土栽培营养液肥，或自制营养液，其配方同本章第十一节生菜水培技术。

蕹菜在生长过程中要注意增添营养液，夏秋季每3天添加1次营养液，冬春季7～10天添加1次营养液。

蕹菜主要虫害是菜青虫、斜纹夜蛾等，可选用2.5%多杀霉素悬浮液1 000～1 500倍液，或5%氟虫脲乳油2 000倍液，或5%氟啶脲乳油1 000～1 500倍液，或20%虫酰肼悬浮剂1 000倍液中的2～3种药交替防治。蕹菜白锈病可选用48%甲霜·锰锌可湿性粉剂、40%琥铜·甲霜灵可湿性粉剂、64%噁霜·锰锌可湿性粉剂600倍液，或72.2%霜霉威水剂800倍液防治。

蕹菜定植30天采收，注意让蕹菜多见阳光，并及时采收蕹菜，以免蕹菜长藤，影响蔬菜品质。蕹菜采收时藤茎基部要留2～3个节，以利采收后新芽萌发，促发侧枝，便于多次采收。

第五章 楼顶平台菜园种植技术

第一节 楼顶平台菜园种植、施肥及病虫害防治原则

楼顶平台主要是指城镇居民家庭楼房房顶，农村平房房顶。其特点是面积较阳台空间大，没有土壤，种植蔬菜时可选择多种花色。

一、楼顶平台菜园种植原则

楼顶平台一般适合种植各类蔬菜，楼顶种植蔬菜时一定要考虑承重问题。如果土栽，特别有些人使用特别厚的土层，浇满水，或下雨浸透，比重比较大，栽培槽的位置不在楼房支撑柱上，有安全隐患。由于楼顶小菜园经常要浇水，有一部分液体渗出，管理菜园的人又来回走动，操作工具的磕碰，容易造成原来的防水层的破坏。所以，楼顶一定要注意防渗漏，合理安排排水。

在楼顶平台一般使用容器栽培蔬菜。容器主要有泡沫箱、瓷盆、塑料花盆、防腐木箱、仿木木箱等。

二、楼顶平台菜园施肥原则

在楼顶平台种植蔬菜要多施有机肥，均衡施肥。使用充分腐熟的有机肥，以免蚊蝇大量发生。

三、楼顶平台菜园病虫害防治原则

楼顶平台菜园发生病虫害时，一定要使用无公害农药，提倡采

用人工捕捉方式防治害虫。

第二节 楼顶平台菜园种植规划

一般楼顶平台承重有限，不要堆砌深厚的土层用来作为栽培基质，可使用木屑、蘑菇渣掺园土或腐叶土配置比重比较轻的营养土，或使用花盆、泡沫箱等容器进行盆栽。在屋顶平台中间部位还可以搭棚架，种植攀爬蔬菜，如佛手瓜、丝瓜、蛇瓜、眉豆、葫芦、观赏南瓜等，做个凉亭，为家人、朋友提供纳凉、休闲场所。在承重墙体上可以采用盆栽种植黄瓜、辣椒、番茄、葱蒜、小白菜、上海青、蕹菜、香菜、生菜等蔬菜。

第三节 楼顶平台蔬菜种植技术

一、芹菜种植技术

芹菜别名旱芹、药芹，为伞形科植物。喜冷凉气候，耐寒、耐阴，不耐热，不耐旱。生长适宜温度为15℃～20℃，超过20℃生长不良，品质低劣。

芹菜一般于夏、秋季育苗，秋季栽培。因芹菜性喜冷凉，不耐热，7～8月份播种育苗正值高温季节，芹菜发芽适温15℃～20℃，高于25℃出苗很慢，高于30℃难以出芽。种子播前在清水中浸12～24小时，捞出搓去种皮黏杂，多次冲洗，装入潮湿布袋中，放在冰箱10℃左右冷藏室，每天淘洗1次，待50%种子露芽后播种。播种时可在种子中掺少量青菜种子以利于芹菜出苗。播种可用育苗盘，基质使用草炭、蛭石、珍珠岩按1：1：1混配，浇透水后播种，播种后撒0.5～1厘米厚的蛭石覆盖。覆盖地膜保湿，上面覆盖遮阳网遮阴降温。芹菜苗5～7天后出苗，出苗后每天用喷壶浇

水1次。出苗后子叶平展，出现心叶时第一次间苗，苗间距0.5厘米。15天后第二次间苗，苗间距1厘米，间苗后浇1次压根水，压实苗间被拉松的基质。1个月后即可定苗，使用25厘米×33厘米的花盆，每盆种植5～7棵。营养基质可选用菇渣、缓释有机肥等混配。

芹菜定植后要“小水勤浇”，保持土壤湿润。当芹菜长出5～6片叶时，根系比较发达，应适当控制浇水，防止徒长。

芹菜喜冷凉，不耐炎热，当气温超过20℃时，注意喷水降温。夏季光照过强时要适当遮阴。当芹菜长到一定大小时即可剪鲜嫩的芹菜梗食用，芹菜心会继续发棵长大。

二、菠菜种植技术

菠菜又名鹦鹉菜、红根菜，为藜科植物。喜冷凉环境，耐寒不耐热，最适发芽温度为15℃，气温超过25℃即生长不良，品质较差；喜光，不耐强光直射，栽培时光照充足有利于生长；喜水，不耐干旱。菠菜一般在秋冬季种植，夏季高温季节易抽薹。

菠菜播种前1周将种子用水浸泡12小时后，放入冰箱中冷藏24小时，再取出放在20℃～25℃环境中，经3～5天出芽后方可进行播种。播种前施足基肥，以消毒鸡粪或人粪尿为主。将盆土表面覆平，用木棒等工具在盆土表面划出1厘米深、2厘米宽的小沟，沟间距15厘米左右。在小沟里，每隔1厘米放1粒种子。播种完成后，在上面轻轻覆上土，并浇透水，保持盆土湿润。1周左右出苗，如果苗间隔过密，可进行间苗，将长势比较弱的苗拔掉，保持株距3厘米左右。2周后，当菠菜苗长出2～3片叶后，可适当施肥，将肥料与土混合，撒在菠菜苗的根部。3周左右，当菠菜长到10厘米左右时，再施1次肥。5周后菠菜长到20～25厘米时，就可采收了。菠菜忌涝，以经常保持土壤湿润为宜。

三、茼蒿种植技术

茼蒿别名蓬蒿，为菊科植物。茼蒿喜冷凉，不耐高温，生长适温20℃左右，12℃以下生长缓慢，29℃以上生长不良。茼蒿对光照要求不严，一般以较弱光照为好，属长日照蔬菜。在长日照条件下，营养生长不能充分发展，很快进入生殖生长而开花结籽。茼蒿一般在秋冬季种植，夏季高温季节易抽薹。茼蒿播种前用30℃～35℃的温水浸种24小时，捞出放在15℃～20℃条件下催芽，每天用清水冲洗，经3～4天种子露白时播种。将种子取出均匀地撒播，然后覆上薄土，将土层压实，浇透水。在20℃条件下，播种后4天即可发芽。为了给幼苗留出足够的生长空间，需要2～3次间苗，将长势不好的幼苗或病苗拔除。第一次在叶片长出1～2片时进行，间苗后使苗间隔3～4厘米；第二次间苗在菜苗长出3～4片叶时，间苗后使苗间隔5～6厘米；第三次间苗在长出6～7片叶时，间苗后使苗间隔10～15厘米。每次间苗后为防止留下的菜苗倒下，要往菜根部位适当培土。当长到20～25厘米高时即可收获。可整株拔起，也可在茎基部留2～3片叶割下，使侧枝生长，这样能够多次采收。

四、油菜种植技术

油菜别名油白菜、上海青，为十字花科植物。油菜喜冷凉，在18℃～20℃、光照充足下生长最好，－2℃～－3℃可安全越冬。喜壤土或沙质壤土，要求排水、日照良好。

播种时将土层表面覆平，用木棍划出深约2厘米的小沟，沟间距15厘米左右，向沟内每隔1厘米放1粒油菜种子，播种后轻轻覆土，充分浇水。在发芽的前期宜保持土壤湿润。发芽后将发育不好的菜苗拔掉，使株距保持3厘米左右。为防止留下的菜苗倒伏，应适当培土。5周后当植株长到25厘米高时，就可以选取长势较好的收获了。油菜生长期盆土应保持湿润，但不能积水。夏季温度超过 20℃，注意喷水降温。夏季种植油菜可选择抗热的品种，或及早采收以免抽薹开花。当油菜长出 3 片叶时，可将少量三元复合肥与土混合后撒在沟内。当植株长到 10 厘米高时，再施肥 1 次。油菜虫害主要有小菜蛾、菜青虫。

五、生姜种植技术

生姜别名姜根，为姜科植物。生姜喜温暖湿润，不耐寒，怕潮湿，怕强光直射，忌连作，喜深厚、疏松、肥沃、排水良好的沙壤土。生姜一般春季种植，四个朝向的阳台均能种植，尤其适合朝北的阳台种植。种植方法：将准备好的培养土取一半倒入花盆，将盆土覆平。将种姜切开，使芽分布均匀，每块姜有 3 个芽左右。将芽朝上放入花盆内，紧密排列，然后覆土 3 厘米厚。浇透水，保持盆土湿润。大约 4 周后出芽，这时可适当追肥、培土。以后每月追肥、培土 1 次。6 个月后，当叶片枯黄时，就可以收获了。生姜生长旺盛期应及时浇水，保持培土湿润，但忌积水。生姜喜阴，不耐强光，注意遮阴。

六、番茄种植技术

番茄别名西红柿、洋柿子，为茄科植物。番茄喜温暖，最适生长温度为 16℃～26℃，喜光，喜土层深厚、排水良好、富含有机质的肥沃微酸性土壤。番茄一般在春、秋、冬季种植，夏季种植时病害严重。因番茄株型大，要选择高大的花盆（高度在 60 厘米左右）进行种植。将番茄种子用 50℃～55℃温水浸泡 10～12 小时。播前将准备好的营养土装入小花盆内，浇透水，待土壤稍干后，将种子均匀地播撒于盆土上，均匀覆土 0.5 厘米，并覆盖一层塑料膜，温度达 25℃时，大约 5 天后发芽，出苗后撤除塑料膜。当植株长出 3 片叶时，留下长势健壮的幼苗，将长势不好的幼苗拔除。当幼

苗长出6片叶时就可以移栽到大花盆中定植了。移栽前给土壤充分浇水，待稍干后再起苗，起苗时尽可能使苗根部多带些土壤，一定不要让根部受伤。定植后浇透水，待植株成活后就可以正常管理了。管理方法是：将所有的侧芽去掉，只留主枝。一般在腋芽长至5～6厘米时摘除较为适宜。种植品种如果是无限生长型的番茄一般要打顶，就是摘除顶端生长点，一般待株高达80厘米左右，上留1～2片叶摘去生长点。番茄不耐旱，可每隔3～5天浇1次水。坐果前控制浇水量，果实膨大期保持盆土湿润。定植成活后，可每隔10～15天浇施1次高效复合液肥。注意少施氮肥，多施磷、钾肥。番茄喜光，要保证光照充足。当温度超过26℃时要采取措施降温。对最初开的花进行人工授粉，方法是：轻轻摇动花就可以了。因为最初的花，如果不授粉则不结果或结的果实不膨大。当果实结得过多而使植株不能负载时，则可以适当疏花疏果，或在花盆中立一根支杆，用麻绳与茎轻轻捆绑起来防止倒伏和弯头。基部的黄、老叶和杈枝要及时摘除，以利于通风透光减少养分消耗。当果实完全变红或变黄时即可采摘。

七、黄瓜种植技术

黄瓜别名胡瓜、青瓜，为葫芦科植物。黄瓜喜温暖，不耐寒，喜光，适宜pH值为6～7.5，富含有机质、排灌良好、保水保肥的偏黏性沙壤土，忌与瓜类作物连作。黄瓜一般在春、秋、冬季种植，夏季种植时病害严重。先把黄瓜种子放入50℃～55℃温水烫种消毒10分钟，并不断搅拌以防烫伤。然后用约30℃温水浸4～6小时，搓洗干净，捞起沥干，在温暖处保湿催芽，20小时开始发芽。播前将准备好的营养土装入小花盆内，浇透水，待土壤稍干后，将种子均匀地播撒于盆土上，播后均匀覆土，并覆盖一层塑料膜，温度达28℃时，大约1周后发芽，出苗后撤除塑料膜。等到瓜苗长出3片叶时，追施稀薄的复合肥1次。

当瓜苗长出5片叶时，可以将长势旺盛的苗移栽到较大的花盆中进行定植。做到带土移栽，以防伤根。一般卷须出现时，选择3根支杆，等间隔插入，在上部捆绑。引蔓在卷须出现后开始，用麻绳将蔓与支杆捆绑，要适当宽松，可缠成“8”字形。使主蔓向上生长。以后每隔3～4天引蔓1次，使植株分布均匀。黄瓜需要整枝，一般8节以下侧蔓全部剪除，9节以上侧枝留3节后摘顶，主蔓约30节摘顶。黄瓜在生长季节既怕旱又怕涝，要保持盆土湿润。黄瓜不耐寒，保持室内温度不低于12℃～15℃。黄瓜生长发育需肥量大，可每2周追施适量磷酸二铵或三元复合肥。黄瓜开花15天后，瓜条长约20厘米时即可采收。

八、蕹菜种植技术

蕹菜别名空心菜、通菜、通心菜、无心菜、藤菜等，为旋花科植物。蕹菜喜温，种藤腋芽萌发初期需保持在30℃以上，这样出芽才能迅速整齐；蔓叶生长适温为25℃～30℃，温度较高，蔓叶生长旺盛，采摘间隔时间愈短。蕹菜能耐35℃～40℃高温，15℃以下蔓叶生长缓慢，10℃以下蔓叶生长停止。不耐霜冻，遇霜茎叶即枯死。喜较高的空气湿度及湿润的土壤，环境过干，藤蔓纤维增多。喜充足光照。空心菜对土壤条件要求不严格，但因其喜肥喜水，仍以比较黏重、保水保肥力强的土壤为好。蕹菜的叶梢大量而迅速地生长，需肥量大，耐肥力强，对氮肥的需要量特大。蕹菜一般春、夏季种植。蕹菜可扦插育苗：从菜市场买回的空心菜可以直接用于扦插，将蕹菜截成10厘米左右的小段，扦插时茎秆需要有3节埋入地下，3节露在地上，并将土压实。每天浇水，一般4天左右就可以成活。也可播种育苗：将表土覆平，用铲子挖一条深2厘米的沟，将选择好的健康种子均匀地撒播在沟里，种子间保持1～2厘米的距离，覆土，浇足水。在种子发芽前保持盆土湿润。当植株长出4片主叶时，保留长势健壮的植株，把长势弱的植株去掉。蕹

菜喜水、喜湿润，但怕涝，可每天喷水，保持空气和土壤湿润，但不能积水。空心菜喜充足的光照，需要保持长时间的光照。蕹菜喜肥，特别是对氮肥的需求量很大，生长旺盛期可每周施腐熟的有机肥或尿素 1 次，当蔓茎长到 20～30 厘米长时就可以采收了。

九、香葱种植技术

香葱别名细香葱、北葱，为石蒜科植物。香葱喜凉爽，但也耐寒和耐热，发芽适温为 13℃～20℃，茎叶生长适宜温度 18℃～23℃，在气温 28℃以上生长速度慢。不耐干旱，喜湿润环境，对光照条件要求中等强度。香葱喜适宜疏松、肥沃、排水良好的壤土和重壤土种植，不适宜在沙地中种植，需氮、磷、钾和微量元素均衡供应，不能单一施用氮肥。香葱一般春、秋两季种植。香葱一般在 4～5 月份或 9～10 月份进行种植。种植之前把从市场上买回的香葱叶片剪去，但不要剪到葱白。2～3 根分为一组，种入土中。间距 10 厘米左右，不宜埋得过深，只要把根埋住，葱白露出土面即可。栽后浇透水，保持土壤湿润，成活后进行正常管理。栽植后土壤不能干旱，宜小水勤浇，成活后控制浇水，一般 7～10 天浇水 1 次。既不能受旱，也不能受涝。夏季温度高、光照强时，要遮阴。生长期可追施 1～2 次氮、磷、钾和微量元素均衡的有机肥。后期根部应培土 1～2 次。一般栽种后 50～70 天就可采收了。